バイオミメティクス から学ぶ 有機エレクトロニクス

Organic Electronics Learning from Biomimetics

白鳥世明 【著】

Shiratori Seimei

コロナ社

まえがき

　白川教授の導電性高分子のノーベル賞受賞，液晶ディスプレイの普及，進むEL素子の実用化，携帯情報端末機の普及，有機太陽電池への期待からもうなずけるように有機エレクトロニクスは，物理的にも化学的にも実社会に必要不可欠な学問分野となっている。また，山中教授のiPS細胞ノーベル賞受賞から，バイオテクノロジーの医療応用に関する期待がますます高まってきており，生物学的なアプローチの重要性が認識されている。こうした産業界および学問分野の急激な進展を予測するかのように，すでに応用物理学会では「有機分子・バイオエレクトロニクス」分野が設立され25年以上が経過している。この間の急速な変化は大学や学界に留まらず，企業・産業界でもさまざまな製品開発にこの分野の基礎知識や考え方が必要不可欠となっている。

　ここで，学界や産業界における新規なアプローチといっても，意外にも生物の優れた機能を模範，模倣することから発案されたものが多い。また，生物の機能にヒントを得て開発されたものも多い。何万年，何億年と絶滅の危機を回避して生き延び，進化の一途を経て来た生物の機能にはわれわれ人間が学ぶべきことがあまりに多い。それがバイオミメティクス（生物模倣）であり，特に生体機能こそわれわれの学ぶべき老師であるともいえる。

　著者らも，ハスの葉がコロコロと雨水を弾く様子に魅了され，その機能を自動車用の汚れ防止としての撥水コーティングやヨーグルトが付着しない容器の蓋材などの開発，製品化を進めてきた。ハスの葉そのものはヨーグルトを弾くが，生クリームは付着してしまう。それでも原理を追求し続けると，生クリームの付着しない表面も製品化でき，実際にクリスマスケーキのフィルムに用いられている。これらのことから生物の優れた機能からの発想がとても有効であることを実感している。

　近年著しい進展を遂げているエレクトロニクスには，有機物が積極的に活用されている。コガネムシの美しさやホタルの発光は昔から人々を魅了してきた。スマホやパソコンの表面では，液晶や有機ELが次々に開発され，近年目覚ま

ii　まえがき

しい進展を遂げている。しかしながら，ヘルスケア用や香料，製品の管理用のにおいセンサとなるとまだまだであり，現状では犬や多くの動物の嗅覚にまさる製品がないため，今後の研究開発が期待されている。太陽電池もだいぶ普及してきたが，植物の光合成に見習うべきところがまだまだありそうである。

こうした有機薄膜表面の機能の発現，制御には顕微鏡による直接観察がきわめて有用であった。これからも，μm レベル，nm レベルの観察や制御に顕微鏡がますます活躍するであろう。そのため，本書では電子顕微鏡やプローブ顕微鏡をはじめとする薄膜のおもな評価方法をまとめた。

本書は有機エレクトロニクスの中で，特に，バイオミメティクスに重点を置き，材料科学，界面物理・界面化学に関する基礎理解，電気・電子デバイス，光学デバイスに関する基礎理解や新しい発想の習得を目標として，大学生・大学院生の教科書・参考図書とすることをめざした。実践的な薄膜の製造方法や評価方法についても紙面の許す範囲で記述したため，民間・産業界での研究・開発の一助にもなれば幸いである。

2019 年 9 月

白鳥世明

目　　　次

第 1 章　バイオミメティクスとは

第 2 章　生物模倣と表面

2.1 植　　　物······································5
2.2 動　　　物······································9
　　章 末 問 題······································13

第 3 章　固体表面構造と濡れの関係

3.1 接　触　角······································16
3.2 撥水性と超撥水性の分類······································17
3.3 超撥水性発現のためには······································17
　　3.3.1 化学的要因······································17
　　3.3.2 幾何学的要因······································20
3.4 撥水性が要求される用途および現状と課題······································21
3.5 平ら面上での濡れ現象······································22
3.6 凹凸面上での濡れ現象······································24
3.7 複合表面上での濡れ現象······································25
　　章 末 問 題······································27

第 4 章　導電性高分子とデバイス

4.1 電気ウナギの発電メカニズム······································28
4.2 電気を使う神経線維······································29
4.3 電線を流れる電気······································31
4.4 導電性高分子の発明······································31
　　章 末 問 題······································37

iv   目　次

第 5 章　水晶振動子マイクロバランス

5.1 人の五感とセンシング······38

5.2 水晶振動子······40

5.3 水晶の圧電効果······41

5.4 質量付加効果······42

5.5 液中での質量付加効果······44

5.6 水晶振動子の等価回路および発振回路······47

5.7 水晶振動子式センサの感度······50

　　　章 末 問 題······53

第 6 章　顕微鏡の原理と利用法

6.1 光学顕微鏡······55

6.2 電子顕微鏡······56

　6.2.1 走査型電子顕微鏡······57

　6.2.2 透過型電子顕微鏡······57

6.3 走査型プローブ顕微鏡（SPM）······58

　6.3.1 走査型プローブ顕微鏡の原理······58

　6.3.2 走査型トンネル顕微鏡（STM）······61

　6.3.3 原子間力顕微鏡（AFM）······63

　6.3.4 SPM による観察・評価······65

6.4 X 線回折法······67

6.5 赤外分光分析法······68

6.6 紫外可視吸光度測定法······69

6.7 エリプソメトリー法······69

　　　章 末 問 題······72

第 7 章　動画表示素子，ディスプレイ

7.1 液　　　晶······73

7.2 生 物 発 光······78

7.3 有機 EL······79

　　　章 末 問 題······81

第 **8** 章　光学多層膜の原理と応用

8.1 フレネルの透過と反射	82
8.2 多層膜の透過と反射	87
8.3 有機高分子の屈折率	91
章 末 問 題	93

第 **9** 章　**コーティング技術**

9.1 コーティング技術の利用	95
9.2 ドライコーティング技術	98
9.2.1 真空蒸着法	98
9.2.2 スパッタリング法	98
9.2.3 イオンプレーティング法	100
9.2.4 化学気相反応法	101
9.2.5 分子線エピタキシー法	101
9.2.6 静 電 塗 装	102
9.3 ウェットコーティング技術	102
9.3.1 ディップコート	103
9.3.2 スピンコート	104
9.3.3 グラビアコート	105
9.3.4 スロットオリフィスコート	106
9.3.5 スプレーコート	107
9.3.6 ビードコート	108
9.3.7 メッキ技術	109
9.3.8 LB 法	110
9.4 次世代コーティング技術	111
9.5 交互吸着法	112
9.5.1 交互吸着法の原理	112
9.5.2 交互吸着法の報告例	115
9.5.3 光学薄膜作製技術としての交互吸着法	116
章 末 問 題	118

vi　　目　次

第 10 章　有機薄膜太陽電池

10.1 有機薄膜太陽電池の原理 ･･･*119*

10.2 有機薄膜太陽電池の構造 ･･*120*

10.3 有機半導体活性層 ･･･*121*

　　10.3.1 半　導　体 ･･*121*

　　10.3.2 有機半導体と活性層 ･･･*123*

　　10.3.3 太陽電池特性 ･･･*126*

10.4 最近の研究動向 ･･･*129*

　　10.4.1 低バンドギャップポリマーへの取組み ･･･････････････････････････*129*

　　10.4.2 光吸収領域の長波長化への取組み ･･･････････････････････････････*130*

　　10.4.3 界面構造に関する取組み ･･･････････････････････････････････････*130*

　　10.4.4 半透明太陽電池の開発 ･･･*131*

　　10.4.5 ウェットプロセスでの有機薄膜太陽電池 ･････････････････････････*131*

　　章 末 問 題 ･･･*133*

第 11 章　電磁気学と有機エレクトロニクス

11.1 非接触 IC ･･*134*

11.2 フレキシブルエレクトロニクス ･････････････････････････････････････*135*

11.3 ウェアラブルエレクトロニクス ･････････････････････････････････････*135*

11.4 IoT センサデバイスシステム ･･･････････････････････････････････････*137*

　　章 末 問 題 ･･･*138*

引用・参考文献 ･･*139*

章末問題略解 ･･*152*

索　　　　引 ･･･*158*

第1章 バイオミメティクスとは

人は馬を見て馬のように速く走りたいと思い（**図 1.1**），自動車を発明した。最初は馬が車を引いていたので，馬車と呼ばれ，馬の力を崇拝するところから Horse Power，すなわち馬力という言葉が生まれた。

図 1.1　走る馬

5馬力というのは馬の5倍のパワーを出す動力のことであった（**図 1.2**）。およそ，人は 0.1〜0.2 馬力，自動車は 100 馬力，トラックは 360 馬力，新幹線は 2 万馬力，ジェット旅客機は 50 万馬力程度になると考えてよいであろう。今日では，あまり馬と比較することなく，馬よりも速く，しかもスムーズに静かに走るのが普通となっている。普通自動車のメカニズムも馬とは大きく異なってきている。しかしながら，自動車は完全に馬よりも優れているかというとそうではない。自動車が走れないような険しい山道でも，馬は荷物を背負って移動することが可能であり，いまでも重宝されている地域がある。近年ではそうした険しい山道を人とともに重い荷物を持って移動するために，馬型ロボットも開発されてきている[1]†。

---

†　肩付き数字は，巻末の引用・参考文献の番号を表す。

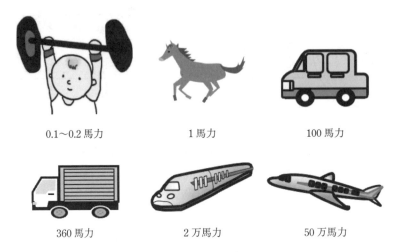

図 1.2　馬力の概念　1 馬力は約 745.7 ワット

　昔，人は鳥を見て鳥のように空を高く飛びたいと思い，長い年月をかけた試行錯誤と努力の結果，飛行機の発明に至った（**図 1.3**）。そして，人はジェット機やロケットによって鳥よりも高く，鳥よりも速く飛ぶことができるようになった。当初の試行錯誤は鳥の羽に類似した翼を人間の手につけ，鳥を模倣することから始まったが，現在では，ジェット機やロケットのメカニズムは鳥の模倣のレベルを打ち破り，鳥と大きく異なっている[2]。

図 1.3　空飛ぶ鳥と飛行機

　しかしながら，近年でも鳥型ロボットの開発は続いている。その目的は，ジェット旅客機のように人を運搬することではない。猛禽類の姿をした鳥型ロ

ボットが鳥害をなくすために飛ばされている。また，多くの鳥の誘導をするための，羊飼いならぬ鳥飼いのような用途も期待されている。実際，鳥のように飛ぶロボットを飛行させたところ，多くのカモメが後をつけ始めることが動画などでも報告され始めている。

　このように生物を模倣して，われわれの実社会に役立てようとする学問を**バイオミメティクス，生物模倣工学**という[3]。学問は「学び」「問い」続けて極めるものであるが，「学ぶ」の語源は「まねぶ」すなわち「まねる」であり，つまり模倣することからスタートする。赤ん坊が母親の言葉をまねして発音しようとすること，それが「学ぶ」ことのスタートであり，だれもが最初はよくまねることはできない。しかし，「学ぶ練習」つまり「学習」を重ねることで，うまく学ぶことができるようになる。そのうち赤ん坊は，子供に成長し，さまざまなことを「問い」続ける。「蝶はどうして飛べるの？」「アメンボはどうして水の上を歩けるの？」「イルカはどうして速く泳げるの？」こうした素朴な疑問を持ち続け，仕組みを調べて，不思議なメカニズムを解明するところからバイオミメティクスは始まる。そして，メカニズムの本質がわかると，求める機能をさらに発展させることが可能になる場合がある。ジェット機やロケットの飛行速度，飛行高度は鳥をいつの間にか大きく超えている。

　本書では，植物，動物のバイオミメティクスからはじめ，特に生物の表面に着目する。また，生物表面の特徴的な構造を形成する生体分子の自己組織化について述べる。そして，この自己組織化から発現するさまざまな機能を調べ，こうした機能性を発現する特徴的な構造を模倣したさまざまな薄膜形成技術を学習し，それを用いた電子デバイスへの展開を紹介する。

　近年，電子デバイスには半導体，金属に代表される無機材料だけでなく，有機材料も多く用いられるようになってきている。パソコンや携帯端末機器のディスプレイには有機材料である液晶が用いられ，タッチパネルはすでに実用化されており，近年では有機薄膜太陽電池に対する期待も高い。レンズやディスプレイの表面には，光の透過率の調整のため，光学機能性薄膜が多用されている。この新機能構築の際に，バイオミメティクスの考え方が有効な場合が多

い。例えば，蛾の目玉は夜間でも飛行が可能になる程度の，高度な光透過率を持つ。逆に，可視光反射率が非常に低い。この機能を活用して，太陽電池表面の反射防止機能に活用されたり，ディスプレイの表面の反射防止に使用されたりしている。このように各方面でバイオミメティクスが活用されている。

　さらに，近年では，デバイス材料の高精度化と微細化に伴って，その評価方法も大切になってきた。そこで本書では，有機薄膜，無機薄膜の評価方法を解説する。一方，分子の配向，配列も，分子サイズレベル，原子サイズレベルになってきており，原子や分子の観察もデバイスには重要な評価項目であるため，電子顕微鏡やトンネル顕微鏡，原子間力顕微鏡について解説する。そして，電磁気学を活用して全国に普及した IC カードなどのプラスチックカードなどにも触れ，有機エレクトロニクスの今後の展望について述べる。

第 2 章 生物模倣と表面

　固体表面上に水滴を滴下すると，その水滴は半球状に弾かれる場合（撥水性）や濡れ広がる場合（親水性）がある。一般的に撥水性とは固体表面上における水の濡れ性を表す言葉であり，撥水現象は学問的に「濡れ」現象として扱われる。また毛細管現象などほかの界面現象とともに界面張力という概念で統一的に記述されている[1)～3)]。撥水性を表す指標としてよく接触角が用いられる。最近では，接触角を決めているメカニズムをはじめ，フラクタルという数学上の概念の界面科学への応用理論なども明らかになってきている[1), 4), 5)]。

　近年，表面改質による機能性付与の 1 つとして超撥水性が注目されている。超撥水性とはその名のとおり水にまったく濡れない性質であり，水による汚れ・腐食防止などの観点から必要とされている。

2.1 植 物

　超撥水性を示す代表的な例としてハスやサトイモの葉などが挙げられる。ハスの葉，およびその表面上での水滴写真を図 2.1 に示す。この図より水滴がほ

図 2.1　ハスの葉の表面が水滴を弾く様子

ぼ球状に弾かれていることが確認できる。

　京都市右京区の高山寺に伝わる紙本墨画の絵画で鳥獣人物戯画という絵巻物がある。特にウサギ，カエル，サルなどが擬人化して描かれた甲巻が有名であり，12世紀〜13世紀にかけて複数の作者によって描かれた日本最古の漫画とも考えられている。その中で図 2.2 に示すように，カエルがハスの葉を僧侶の頭の上に傘としてかざしている。すなわち，この頃にはハスの葉の表面の撥水性に人は気がついており，雨よけとして生活に役に立てたことがあったのであろう。

図 2.2　鳥獣人物戯画の中に描かれたハスの葉の傘としての利用法（東京国立博物館所蔵）

　この超撥水性を示すハスの葉表面を走査型電子顕微鏡（SEM）で観察してみると図 2.3 に示すように微細な凹凸構造を形成していることがわかる。そして，電子顕微鏡の倍率を徐々に上げていくとまず数十 μm 程度の突起が観察され，さらに倍率を上げると突起の表面は 100〜200 nm 程度の微細な構造で覆われていることがわかる。

　これまで撥水性のコントロールは，低エネルギー表面を作るフッ素系材料が用いられていた。しかしながら，表面エネルギーが最も低い $-CF_3$ 最密充填構造でさえ水滴接触角は約 120°前後であり，超撥水性には至らないことが報告され

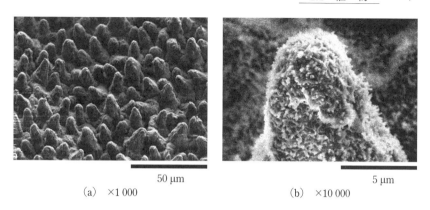

図 2.3　ハスの葉表面の電子顕微鏡像

ている[6)]。つまり平ら面において，表面自由エネルギーの調整だけでは超撥水性を示す表面を実現することは難しい。このことから超撥水性発現のためには表面凹凸構造が重要であることがわかる。

こうした特徴的な表面構造をもつハスの葉の表面は超撥水性を示すが，この超撥水性を示す植物はハスの葉だけではない。図 2.4 にサトイモの葉の表面を転がる水滴の様子を示す。サトイモもハスと同様にその表面は超撥水性を示すことがわかる。

それでは，サトイモの表面を電子顕微鏡で観察するとどのようになっているであろうか？　図 2.5（a）に示すように，ハスと同様にマイクロ（μm）レベ

図 2.4　サトイモの葉の上に落ちた水滴の様子

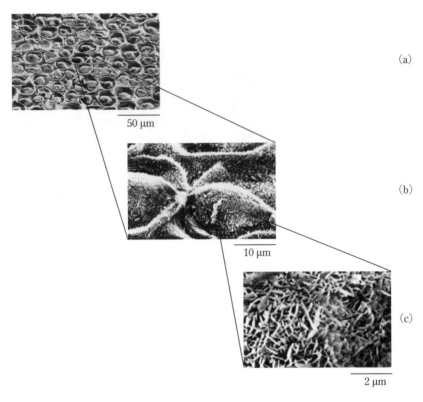

図2.5 サトイモの葉の表面の電子顕微鏡像

ルの突起があるものの,その突起はさらに大きい窪みに埋まっていることがわかる。図 (b),(c) にはその突起を電子顕微鏡でさらに高倍率で拡大して示している。この両者を比較すると,サトイモの葉の表面はマイクロ (μm) レベルではハスの葉の表面と構造が大きく異なるが,ナノ (nm) レベルまで拡大して観察すると,ハスの葉の表面と同様に毛羽だっており,100〜200 nm 程度の凹凸が密集していることではかなり類似していることがわかる。

2.2 動物

植物だけではなく，表面の凹凸構造をフルに活用している動物も多い[7]。アメンボは水の上に浮いて移動するが，その足の仕組みは細かい毛にある（**図 2.6**）。アメンボの足もハスやサトイモの葉のように撥水性を示す。

図 2.6　水面に浮くアメンボの足の構造

一方，カタツムリの殻はどうだろうか？　カタツムリの殻の表面を**図 2.7** に示す。カタツムリは雨の多い時期に活発に行動し，殻の表面はよく濡れていることが多い。殻の材質はおもに炭酸カルシウムでアラゴナイトと蛋白質の複合体であり，親水性を示す。電子顕微鏡で観察すると数百 nm から mm サイズまでの溝が形成されていることがわかる。親水性の殻表面の細かい溝によってつねに水がたまっている状態を保ち続ける。そのため，上から油汚れが接触しても，付着することなく流れてしまう。油性のマジックで字を書くことも難しい。

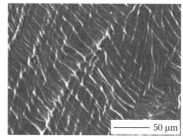

図 2.7　カタツムリとその殻の表面微細構造

つぎに，空中を飛ぶ動物をいろいろみてみよう．蝶は昼によく飛び，蛾は夜もよく飛ぶ．なぜだろうか？

まず，蝶の眼と蛾の眼を比較してみよう．スジクロシロ蝶の複眼は**図 2.8**に示すように高さ 270 nm で直径 160 nm の球状の突起が 200 nm の間隔でびっしりと敷き詰められていることがわかる．

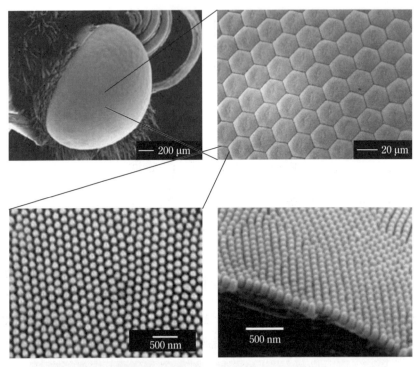

図 2.8 スジクロシロ蝶の複眼とその拡大した電子顕微鏡像

蛾の眼の複眼とその拡大した電子顕微鏡像は**図 2.9**に示すように複眼の中に美しい六角形の個眼が規則正しく並んでいることがわかる．生体の完成形はヘキサゴナル構造，すなわち六方最密充填構造に落ち着くことが多いから不思議である．エネルギー的に安定で，耐摩耗性，耐殺傷性にも優れている．蛾の個眼の表面を拡大して観察したのが図 2.9 の右図である．個眼の表面には 200 nm

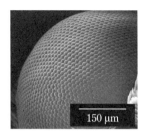 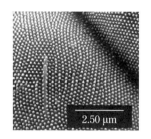

図 2.9 蛾の眼の複眼（左）とその中の個眼の表面（右）を拡大した電子顕微鏡像

程度の突起が規則正しく配列していることがわかる。注目すべきは，この規則正しく配列した突起構造の1つ1つは可視光の波長より小さいことである。この構造により可視光の反射が大きく抑えられており，**モスアイ構造**と呼ばれている。

こうした構造が蛾の目にあることを初めて発見したのは，ベルンハルトとミラーであり，1962年のことであった[8]。当初は「角膜突起」と呼ばれていたが，蛾の目に特有と考えられたため，後にモスアイ構造と呼ばれるようになった。突起は一般に釣鐘状をしていて，高さ 200〜250 nm，間隔は 200 nm くらいになっている。ベルンハルトらはその機能を調べ，このような構造が表面にあると，光の反射を極力抑えられることを発見した。

蝶と蛾の区別は必ずしも明確ではないが，一般的に蝶は昼に飛び，蛾は夜に飛ぶことが多いといわれている。もちろん，一部の蝶には夕方の薄暗い時間を好むものもあり，一部の蛾には昼行性のものもいる。夜飛ぶ蛾は，複眼の反射率を極端に抑えているものが多く，暗闇で自分の目を光らせないことで敵から自分の身を守っているともいえる。目がわずかな光を反射して，捕食する獲物から気づかれることを防いでいるともいわれている。また，光の透過率を高めることで夜間飛行が容易になるようである。

一方，昼行性の蝶の眼は，蛾ほど反射率が低くないため，夜間飛行には適していないものが多いが，きれいな羽をもつものが多い[9]。例えば，宝石のように輝くモルフォ蝶と呼ばれる蝶があるが，その羽の構造はどのようになっているのだろうか？

図 2.10 に示すように，モルフォ蝶の鱗粉にある突起には木の枝のような棚がたくさんあり，青色の光だけ位相が揃うような構造を備えている[10]。すなわち，この棚の厚みと高さに，青色だけに強く反射する秘密があり，このような染色や色素によらない発色を**構造発色**と呼んでいる。モルフォ蝶の雄は雌に求愛するために，美しい構造発色を持ち合わせているといわれている。同時に，モルフォ蝶は光の波長の認識能力がきわめて高いことがわかる。

 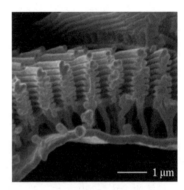

図 2.10　モルフォ蝶の羽とその鱗粉の微細構造

蝶は色の識別力に優れ，仲間への信号伝達に活用しているという。人は光の3原色を見分け，さまざまな色を見ることができるが，ナミアゲハは紫外線を含む6種の色の要素をはっきりと識別するという。人が見ることのできない紫外線をもはっきりと識別するのは，花の多くには蜜の近くに紫外線を吸収する部分があり，こうした蜜のある場所をキャッチするためにこの能力を持ち合わせているともいわれている。

こうした構造発色を示す動物は他にもたくさんあり，昆虫のタマムシや魚のネオンテトラ，孔雀の羽，あわびの貝殻などがある。

章末問題

① ハスの葉の表面微細構造とサトイモの葉の表面微細構造の相違点と共通点を考えてみよう。

② ハスの葉とサトイモの葉がいずれも超撥水性を示す理由を考えてみよう。

③ 図 2.11 に示す白妙菊の葉の表面の構造は，ハスの葉ともサトイモの葉とも異なるが，高い撥水性を示す。どのような表面構造をしているのであろうか？　また，ハスの葉やサトイモの葉と表面構造の違いがあるにもかかわらず高い撥水性を示す理由を考えてみよう。

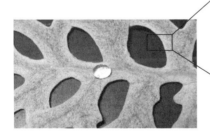
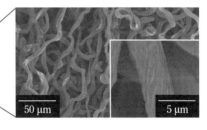

図 2.11　白妙菊の葉の超撥水性とその表面の電子顕微鏡像 [11]

④ バイオミメティクスにより，ハスの葉，サトイモの葉の表面を人工的に再現する手法を考えてみよう。

⑤ バイオミメティクスにより，この白妙菊の表面を人工的に再現する手法を考えてみよう。

⑥ ひっつき虫と呼ばれる植物は，かぎ針や逆さとげによって動物の体や人の衣類にひっかかる小穂や果実の俗称であるが，その仕組みを考え，応用製品を調べてみよう。

⑦ ウツボカズラという食虫植物（**図 2.12**）があり，この内壁の機能のバイオミメティクスによる新機能の製品開発が注目されている。どのような機能がどういった分野に期待されているか予想してみよう。

図 2.12 ウツボカズラ

⑧ アメンボが水の上を浮いて進むことができる理由を考え，物理的に釣合いの式を書いてみよう。

⑨ 細かい構造の足をもち，天井も歩くことのできるヤモリの足（**図 2.13**）の構造を調べ，物理的に釣合いの式を書いてみよう。

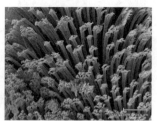

図 2.13 ヤモリの足

⑩ タコの足にもさまざまなところにくっつく吸盤がある。このバイオミメティクスにより開発されている製品の例を挙げてみよう。

⑪ 犬は凍った雪道を滑らずに走ることができる。その理由を足裏の構造から考えてみよう。

⑫ カタツムリの殻の構造のバイオミメティクスにより防汚機能を発現することができる。どのような例があるか？ また，ハスの葉の表面の防汚性と比較して，それぞれがどういう環境により優れているか考えてみよう。

⑬ 構造発色を活用した身のまわりの製品を挙げてみよう。

⑭ ガラスにも薄膜を形成すると，ある波長の光を強く反射することができる。金属板でも同様に可能である。こうした反射を増大させる薄膜の原理を予想してみよう。また，どのようなところに活用されているか考えてみよう。

⑮ 動物の優れた機能を模倣し，役立てようとする試みは，広範囲にわたっている。犬の嗅覚（**図2.14**）は人の10 000倍ともいわれ，警察犬として活躍している。そのメカニズムについて人との違いを考えてみよう。

図2.14 犬の嗅覚

⑯ 動物の嗅覚の精度には及んでいないが，人工的ににおいセンサ，ガスセンサを開発する試みがなされている。第6章でも述べるが，犬のような高感度な嗅覚がどのような分野に，なぜ必要とされるか考えてみよう。

第 3 章 固体表面構造と濡れの関係

2 章で述べたように，12 世紀頃には，人々はハスの葉を傘に活用することがあったようである。しかしながら，表面，界面科学に基づいてメカニズムの解明が進んだのは 19 世紀以降といえよう。固体表面の濡れ性は一般的に化学的要因（表面張力）と幾何学的要因（表面構造）の 2 つの要因によって決定されるといわれている。1805 年に初めて平ら面での濡れ性がヤング（Young）によって検討された。そしてその後 1950 年頃に凹凸面での濡れ性がウェンツェル（Wenzel）やキャシー（Cassie）らによって検討され，超撥水性発現のためには固体表面の凹凸化が重要であることが示された。

ここで，表面，界面の濡れ性について界面科学の基本を学習しよう。超撥水性を示すハスの葉の表面もサトイモの葉の表面も，また超親水性を示すカタツムリの殻の表面濡れ性についても説明ができる。

3.1 接触角

固体表面の撥水性を表す指標として，一般的に**接触角**が用いられる。図 3.1 に固体表面上の水滴を示す。水滴 - 固体 - 気体が交わる点より水滴に対し接線を引き，この接線と固体表面とのなす角度を接触角 θ という。θ が大きいほど撥水性が高く，水滴は球形となる。

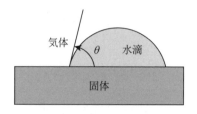

図 3.1 固体表面の水滴の状態，接触角の定義

3.2 撥水性と超撥水性の分類

撥水性を表現する場合，高撥水性や超撥水性という表現がよく用いられるが，両者の間に明確な境界線があるわけではない。一般に $90° < \theta < 150°$ を**撥水性**，$150° \leqq \theta$ の場合を**超撥水性**と分類して呼んでいる。

3.3 超撥水性発現のためには

身のまわりには水をよく弾くものがある。例えばテフロン加工したフライパンやハスの葉などである。ハスの葉の表面には図 2.3 に示すとおり微細な凹凸構造が形成されていた。さらにその表面はワックス状物質で覆われていることが確認されている[1]〜[4]。ハスやサトイモの葉が水を弾き落とす現象は，表面のワックス状物質が水よりも低い表面張力であること，および水滴が付着した際に，表面凹凸構造の凹部分に空気が取り込まれ，水と空気 - ワックス状物質の複合表面で接触することに基づくものであると考えられ，見かけの接触角が $180°$ に近くなる[5]〜[6]。

超撥水性発現のためには固体最表面が水よりも低い表面張力（化学的要因）であること，および固体表面に水滴に対して微細な凹凸構造（幾何学的要因）が必要である。

3.3.1 化学的要因

テフロンのようなフッ素系材料は水に比べて表面張力が小さいため水をよく弾くといわれている。そこで液体，および固体の表面張力について述べる。

〔1〕 **液体の表面張力**　液体の表面分子は気体分子として飛び出さない限り表面に留まっている。このとき，表面分子どうしの間に分子間力が働き表面を小さくしようとする。一方，内部の分子は四方八方の分子に取り囲まれ，それらの分子間力により釣り合っている。このように表面には分子間力によって

縮まろうとする力がつねに働いている。つまり表面はエネルギーを持っている
といい，これを**表面張力**という。**表 3.1** によく知られている液体の表面張力の
値を示す。この表から，水銀を除けば，水の値が他の液体に比べて大きいこと
がわかる。

表 3.1 液体の表面張力

液体	表面張力〔mN/m〕
水	72.75
メタノール	22.5
エタノール	22.55
ヘキサン	18.4
オクタン	21.7
ベンゼン	28.9
グリセリン	63
水銀	486

　物質の性質を決める最小単位は分子であるが，それは化学構造から（1）極
性分子，（2）無極性分子の2つに大別される。

（1）**極性分子**とは分子内の電荷の中心がずれており，正（＋）と負（－）の
　　部分を持つ分子。

（2）**無極性分子**とは分子内の電荷の中心がずれておらず，＋と－の部分を持
　　たない分子。

　これらの分子どうしが接近して分子間力を生じる組合せは，大きく分けてつ
ぎの3つになる。

（a）配向効果（極性 - 極性分子間）　　2つの極性分子が近づくと同符号の電
　　荷部分（＋と＋，－と－部分）では反発し，異符号の電荷部分（＋と
　　－の部分）ではたがいに引き合うため分子が向きを変える。これを**配向**
　　効果という。極性分子どうしの場合，非常に強い引力が作用する。

（b）誘起効果（極性 - 無極性分子間）　　2つの分子のうち，一方が極性分子
　　であり，これに無極性分子が近づくと，無極性分子中の電子の一部が偏
　　り，電荷の中心がずれて＋と－部分が生じる（分極）。極性分子に無極

性分子が近づき，分極が誘起される効果を**誘起効果**という。

（c）分散効果（無極性 - 無極性分子間）　電荷を持たない無極性分子どうしでも分子間力は作用する。無極性分子どうしでも原子から構成されているため多くの電子が存在する。これらはたえず運動しているが，ある瞬間には球対称からずれることがある。したがって，無極性分子どうしでもたがいに非常に近づくと，隣接する分子との間にある電子の分布状態が偏在してくる。これを**分散効果**という。電子は－の電荷を持っているので，これが偏ると分子内の電荷の中心がずれて分極する。そして無極性2分子間にも引力が生じる。しかし，これは（a）配向効果や，（b）誘起効果に比べるとずっと小さい。

では同じ液体にもかかわらず，なぜ水の表面張力が特に大きいのであろうか？水は液体の代表であり，われわれに最も身近なものであるが，他の液体と非常に異なっているので，その構造と物性については昔から多くの研究が行われている。水分子は折れ曲がった構造を持っており，O^{2-} と H^+ 2個の電荷の中心がずれている極性分子である。したがって，隣接分子間には配向効果が働き強い分子間力が現れる。さらに，隣接水分子のO原子とH原子との間に水素結合という特殊な力が作用して，水分子は水中に単独で存在するのではなく，何個かが集合して会合体を形成している。この会合体をクラスターと呼んでいる（**図 3.2**）。水分子は分子量が18と小さいにもかかわらず，クラスターを形成し

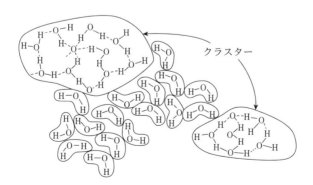

図 3.2　水のクラスター[7]

ているために，0℃から100℃までの非常に広い温度範囲で液体の状態を保つことができる。

このように水は，隣接分子との間に非常に大きな分子間力が働き，表面張力も非常に大きい。また，水が100℃少々の温度変化で固体，液体，気体と3相を変化する特徴も生物には大きな影響があり，薄膜形成にも重要なポイントとなる。

〔2〕**固体の表面張力**　ジスマン（Zisman）は表面張力が既知の液体との接触角を測定することによって固体の表面張力（表面自由エネルギー）を算出した[8]。

液体の表面張力と液滴の接触角 θ の $\cos\theta$ 値をプロットし，$\cos\theta=1$ に外挿して得られる値を固体の臨界表面張力という。そしてこの臨界表面張力が，特定の官能基で完全に覆われた固体表面の示す表面張力である。固体表面が -CF$_3$ で覆われ尽くすと，臨界表面張力が 6 mN/m という極端に小さな表面張力（表面自由エネルギー）を持つ表面となることが知られている[9]。また，固体表面が -CH$_3$ で覆われ尽くした場合でも，臨界表面張力はフッ素系の場合ほど小さくはないが，22 mN/m という小さな値を示すことが知られている。逆に Cl，O などの極性を持つ官能基で覆い尽くした場合には，臨界表面張力は 30～40 mN/m にまで増大する。

このように化学的要因を支配するものは固体表面を構成する物質そのものであり，その表面を濡らす液体との間に働く相互作用を決定する。

3.3.2 幾何学的要因

前述したとおり，ハスやサトイモの葉はフッ素系材料を利用していないにもかかわらず，水をほぼ完全に弾く。その原因は，葉の表面の微細な凹凸構造にある。表面の凹凸化は真の表面積を増大させる。その結果，濡れる表面はより濡れるようになり，水を弾く表面はより弾くようになる事が経験的に知られていた。このような凹凸面での濡れ性はウェンツエルによって，また2種以上の材料による複合表面での濡れ性はキャシーによって議論された。また後述のよ

うに，ヤングおよびデュプレ（Dupré）らによって，平らな固体表面上に置かれた液滴がつくる接触角は，水の表面張力と固体表面の表面張力，さらに固体と水滴との間に働く相互作用（界面張力）によって示すことができる。

3.4 撥水性が要求される用途および現状と課題

撥水性は，傘やレインコート，スポーツ衣料など雨具・衣料，フライパンや炊飯器の釜など身近な用途には従来から用いられてきた。撥水性は潜在用途がきわめて大きい割には，上記以外の用途の要求を満足する撥水材料の開発が遅れている。

例えば撥水性ガラスは雨天時の視認性改善による予防安全対策の一手段として取り上げられている[10), 11)]。自動車用撥水性ガラスは，ワイパーに対する耐摩耗性や高温，日照，汚染物質の付着などに対する高度の耐候性，さらには特定条件下で発生する白曇り現象などの問題があり，比較的問題が少ない左右のフロントドアガラスで一部の車種に採用されたが，本格的な実用化は進んでいない。

代表的なもう1つの例として，雪害対策用超撥水性材料がある。雪国では雪が電線に積もり，その重みで電線が切断される事故が後を絶たない。また豪雪地帯の無線アンテナに雪や氷が付着し，電界強度が落ち，電気通信の質が低下するおそれがあることなどから，NTTを中心に，撥水機能をさらに高めた超撥水材料の雪害対策用途の検討が進められている[12)]。

着氷防止材として古くから利用されているポリシロキサンなどは耐久性に難点がある。一方，フッ素系ポリマーでは接触角が大きいほど着氷力が小さい傾向が認められている。このように難着氷着雪コーティングの研究が進められているが，いずれも実用に耐え得るコーティング材が開発されるには至っていない。

超撥水性材料を得るためには表面張力が低い材料を作り出せばよい。また幾何学的要因（表面凹凸構造）だけに注目しても作り出せる可能性がある。しかしながら実用的見地から見ると，微細な凹凸表面は構造的に耐久性に欠ける。

また表面汚染によってもその構造的特性は失われやすい。このような理由から超撥水材料の最大の課題は耐久性であるといえる。耐久性に次ぐ課題は，やはり可視光透過性であるといえる。実用化を考えた場合，可視光透過性があるものとないものでは用途の幅が極端に違ってくる。超撥水性と同時に可視光透過性を得るためには，超撥水表面凹凸構造を nm オーダーで制御しなければならない。したがって，接触角 150°以上の超撥水性，可視光透過性，および耐摩耗強度の 3 つを同時に備えた超撥水面作製には，化学的要因である表面張力を低くすることと幾何学的要因である表面凹凸構造をいかに組み合わせるかが重要となる。

3.5　平ら面上での濡れ現象

平ら面での濡れ性は表面の化学的要因にのみ決定される。この化学的性質に関しては濡れの仕事で考えることができる。濡れの仕事の概念を**図 3.3** に示す。ここで，物質 1, 2 は，それぞれ表面エネルギー γ_1, γ_2 をもっている。それらが付着すると界面エネルギー γ_{12} が残る。接着前後のエネルギー差を W とすると

$$\gamma_{12} = \gamma_1 + \gamma_2 - W \tag{3.1}$$

で表すことができる。ここで，W は接着仕事と呼ばれる。この式で W は「行

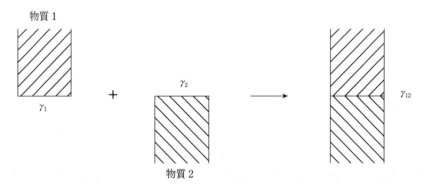

図 3.3　濡れの仕事

われた仕事」ではない。単位面積当りの付着前後におけるギブスの自由エネルギー変化に相当している。

ここで，物質1を水，物質2をある固体表面とすると濡れの仕事 W は

$$W = \gamma_{SV} + \gamma_{LV} - \gamma_{SL} \tag{3.2}$$

と示すことができる。この式（3.2）を**デュプレの式**という[13]。

ここで，γ_{SV} は固体-気体間の界面張力，γ_{LV} は液体-気体間の界面張力，γ_{SL} は固体-液体間の界面張力である。この式において，W が小さいということは，固体-液体の界面を分割するのに少しの仕事しか必要でないこと，つまりその固体は液体を弾きやすいことを示し，W が大きいということは，その固体が液体に濡れやすいことを示す。

一方，**図 3.4** に示すように，固体表面に水滴が静止し平衡状態にあるとき，それらの（固体表面と水滴）の間には

$$\gamma_{SV} = \gamma_{LV} \cos\theta + \gamma_{SL} \tag{3.3}$$

という関係が成り立つ。式（3.3）を書き換えると

$$\cos\theta = \frac{\gamma_{SV} - \gamma_{SL}}{\gamma_{LV}} \tag{3.4}$$

となる。これを**ヤングの関係式**という[14]。

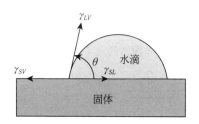

図 3.4　平ら面での水滴における力の釣合い

デュプレの式，およびヤングの関係式より

$$W = \gamma_{LV}(1 + \cos\theta) \tag{3.5}$$

が導かれ，これを**ヤング-デュプレの式**という[15]。この式は接触角 θ が大きいほど W は小さくなり，液体が固体に対して濡れにくくなることを示している。

3.6 凹凸面上での濡れ現象

 図 3.5 には同じ量の水滴が，平坦な面に滴下した場合と凹凸のある面に滴下した場合の差を示す。同図に示すように，凹凸面上での接触角を θ'，平ら面上での接触角を θ とすると式（3.4）より

$$\cos\theta' = \frac{r(\gamma_{SV} - \gamma_{SL})}{\gamma_{LV}} = \gamma\cos\theta \tag{3.6}$$

と表すことができる。これを**ウェンツェルの関係式**という [16]。ここで，r は表面積倍増因子といい，平ら面および凹凸面の表面積比である。

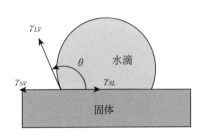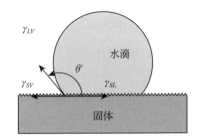

図 3.5　平ら面と凹凸面での濡れ性の比較

 このウェンツェルの関係式より，固体表面の凹凸化は，親水的な表面をより親水的に，撥水的な表面をより撥水的にすることを示し，この効果は表面積倍増因子 r が大きいほど大きくなることがわかる。この様子を図 3.6 に示す。はじめに親水性の基板は，表面をヤスリなどでわずかに凹凸を増やすとより濡れやすくなり，水滴の基板との接触角ははじめより小さくなる。一方，はじめに基板の接触角が 90°を超える基板の場合には，表面の凹凸を増やすことにより，接触角はより大きくなる。つまり，表面積の増大は，基板が親水性であっても疎水性であっても表面の濡れに関する特性をより増大させるといえる。

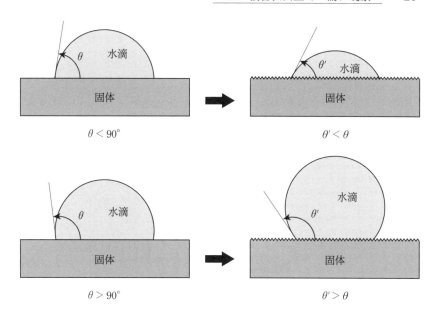

図 3.6 表面の粗さによる濡れ性の変化

3.7 複合表面上での濡れ現象

図 3.7 に示すような微細複合面における接触角は，表面の各物質と液体との接触角によって以下のように示すことができる．

$$\cos\theta'' = \varepsilon_1 \cos\theta_1 + \varepsilon_2 \cos\theta_2 \quad (\varepsilon_1 + \varepsilon_2 = 1) \tag{3.7}$$

この式を**キャシー - バクスター**（Cassie-Baxter）**の関係式**という[17]．

θ'' は微細複合面における接触角 θ_1, θ_2 は表面物質 1 および 2 の平ら面上での接触角 ε_1, ε_2 は物質 1, 2 が表面で占める割合である．

ここで，表面物質が撥水性の場合，図 3.7 に示すようにある大きさ以下の細孔には水が進入できず，空気層が存在することになる．つまり表面物質と空気の複合面とみなすことができる．物質 2 を空気とし，空気中での接触角を 180°とすれば

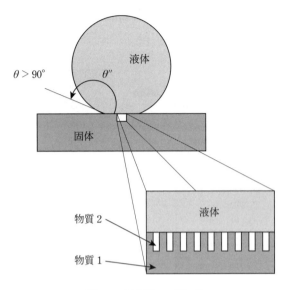

図 3.7 混合面での濡れ性

$$\cos\theta'' = (1-\varepsilon)\cos\theta - \varepsilon \tag{3.8}$$

を導くことができる。ここで θ は凹凸を形成している物質の平ら面上での接触角, ε は表面における空気の割合であり, 撥水性表面の細孔に空気が取り込まれることで, 接触角がより大きな値になることを示している。このように凹凸構造が増えることによって, 素材の平ら面上での接触角の値が大きく上昇する現象を**キャシー効果**という。

章末問題　27

章末問題 ////////////////////////////////

① 水が分極していることを確認する簡単な方法を考えてみよう。

② 一般に液体の温度が上昇すると表面張力はどう変化するか考えてみよう。

③ 本章で学習した理論に基づいて，ハスの葉の表面が超撥水性を示す理由を考えてみよう。

④ 同様に白妙菊の表面が超撥水性を示す理由を考えてみよう。

⑤ 鳥や蝶，昆虫の羽も撥水性を示すがその理由を考えてみよう。

⑥ メガネレンズの表面は撥水性と親水性どちらが好ましいか考えてみよう。また，浴室の鏡はどうか考えてみよう。

⑦ 自動車の表面は撥水性と親水性どちらが好ましいだろうか。住宅の表面，電子機器の表面についても考えてみよう。

3

固体表面構造と濡れの関係

第4章 導電性高分子とデバイス

　20世紀前半までプラスチック，すなわち高分子は絶縁体と考えられていた。しかし，生物の組織には電気を発生するものもあることがわかっている。また，生体の神経線維を伝わる刺激応答は電気信号であることも明らかになってきた。本章では，電気を発生する生物，生体の中の刺激応答の伝達メカニズム，そして，人工的に作られた電気を通すプラスチック，いわゆる導電性高分子とその応用について紹介する。導電性高分子の発明が，有機エレクトロニクスの発展のブレークスルーとなってきた。

4.1　電気ウナギの発電メカニズム

　自然界の高分子は絶縁体がほとんどである。しかし，生物の中には組織が電気を発生するものもある。われわれ人間の脳波や振動電流はその例で，病気の診断にも利用されている。

　電気ウナギや電気ナマズなどは生体内に発電機を持ち，400〜800Vといった高圧の生物電気を1秒間に100〜300回放電することが知られている。**図 4.1**に電気ウナギが電気刺激を発生するメカニズムを示す。こうした動物の細胞の内側にはカリウムイオン（K^+）が，外側にはナトリウムイオン（Na^+）が多数存在し，細胞膜に隔てられてバランスを保っている。ここに刺激が加わって興奮状態になると，細胞膜が変化してNa^+が細胞内に多く流れ込む。細胞上には

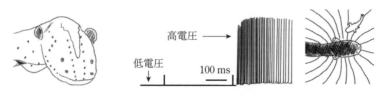

図 4.1　電気ウナギが電気刺激を発生するメカニズム[1]

特定のイオンを選択的に通すイオンチャネル（通路）があり，化学信号が細胞に伝わるとこれらのチャネルが開いて，Na^+ が細胞内へ流入し，K^+ が細胞外へ流出する。このイオン交換により，正イオンが多くなった細胞膜の内側の電位は外側の電位より高くなり，それが自己増殖的に，あたかも直列つなぎのように配列しているために電気を発生することができる。この高圧発電は敵から身を守るためにも使われるが，自らの捕食のためにも活用されている。電気信号が細胞内を流れた後はチャネルが閉じて代わりの通路が開き，イオン濃度は静止時の状態に戻る。

4.2　電気を使う神経線維

　電気ウナギほど高電圧ではなくとも，現代文明に生きるわれわれも電気信号を使って情報処理を行っている。人類が電気信号を用いて通信するようになったのはそれほど昔ではないが，脳は何億年も前から電気を使った通信を行ってきている。その仕組みは，電線を電気が流れる仕組みとは異なり，1936 年 J. Z. ヤングがイカの末梢神経の中の 1mm 近くある太い神経線維を発見し，それが電気信号を発生することから明らかにされた[2), 3)]。

　神経線維により電気信号が発生するメカニズムは，ニューロンを取り巻く膜の内側と外側のイオンのアンバランスにポイントがあった。この点，生物にかなり共通する要素のように思われる。すなわち，細胞の内側には正電荷を持つカリウムイオン（Ka^+）が多く，外側には正電荷をもつナトリウムイオン（Na^+）と負電荷を持つ塩素イオン（Cl^-）が多く分布している。そのため細胞の内側には負に帯電したタンパクが集まり，細胞が静止状態では膜の内側は外側に対して－数十 mV の電位差を保たれる。これを静止電位と呼んでいる。このアンバランスな分布を維持するためにニューロンは Na^+ を細胞外に，Ka^+ を細胞内に移動させる仕組みを保っている。信号が神経線維（軸索）を伝達するときには，細胞体の膜の電位が一瞬正に逆転する。このきっかけは，外部からの物理的もしくは化学的な刺激によって引き起こされることがあり，また，他の神経

細胞から信号を受け取った結果引き起こされることもある。この膜の電位の逆転を活動電位（インパルス）と呼んでおり，通常1/1 000秒以下の短い時間に引き起こされる。この一瞬の電位の逆転は細胞外からの急速なNa$^+$の流入とそれに続く細胞内からのK$^+$の流出によって起こる。

1939年以降A. L. ホジキンとA. F. ハックスレーはこのメカニズムを解明する実験の成果を上げ，1963年にノーベル医学・生理学賞を授与されている[4]。

図4.2に示すように，膜の電位はしだいに上昇し，ある閾値を超えると一気にインパルス応答が発生する。このインパルスの大きさは神経線維を遠くまで伝わっていくときも弱まることがない特徴をもっている[5]。これに対して，電線を電気が流れるときはところどころに信号を強めるための装置（増幅器）を置かなくてはならない。神経線維の情報伝達速度は，電線を電気が流れる速度よりもずっとゆっくりしたものではあるが，信号が弱まることはないといった点では電線が電気信号を伝える場合より優れているともいえる。さらに，われわれの脳には150億個の細胞があり，その中には10億個に近い神経細胞があり，シナプスにより複雑に接合し合っているといわれている。われわれは生物の情報伝達メカニズムにまだまだ学ぶ点が多い。

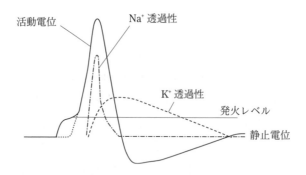

図4.2 神経細胞における活動電位（インパルス）の発生

4.3 電線を流れる電気

1744年にドイツのライプチヒでJ. H. ウインクラーが放電火花を遠距離に送ったことが電線の発明された瞬間だとされている。彼は，周囲に絶縁した導体を用いれば世界の果てまで送ることができると述べたとされている。1752年にはアメリカのベンジャミン・フランクリンが凧を用いて雷が電気であることを証明した。その後19世紀に入るとアメリカやイギリスで通信網の実用化をめざして電線の開発が進んだ。最初，価格と強度から鉄が使われていたが，後に導電率のより高い銅に変わった。海底ケーブルの敷設も進み，導体の表面は天然の樹脂で被覆されていた。そこからしばらく「金属＝導体，高分子＝絶縁体」というのが常識であった。銅線の周りはポリ塩化ビニルなどで絶縁性を維持している。また，通常はポリウレタンやポリエステルで被覆されて絶縁され，絶縁体の高分子を半田の熱で溶かして導通をとる製品が普及している。すなわち，「高分子＝絶縁体，金属のように電気を通すことはない」というのが当時の常識であった。

4.4 導電性高分子の発明

単結合と二重結合が交互に結合した直鎖状化合物は共役ポリエンと呼ばれ，化学者からも物理学者からも興味を持たれていた。無限に長いポリエンに相当する分子の合成に関心が持たれたが，共役数が増加するにつれて溶媒に対する溶解度が極端に低下するため，長い間実現が困難であった。1958年になってG. Nattaらがポリエチレンやポリプロピレンの重合触媒として有名なチグラー・ナッタ触媒でアセチレンを重合して得たのが，無限に長い共役ポリエンに相当する最初の分子の合成であった[6]。彼は1963年ノーベル化学賞を受賞し，卒業大学であるミラノ工科大学ではその記念に化学科に彼の名前がつけられている。

1960年代後半，白川は東京工業大学でチグラー・ナッタ触媒によるアセチ

レンの重合反応について研究していた[7]~[9]。しかしその頃，だれが合成しても得られるものは不溶，不融の黒状粉末であって自由に成形加工できないものであった。偶然の発見は，彼のグループに来ていた研究生が触媒濃度の単位を取り違えて，レシピ上の M〔mol〕の単位を1000倍の mol にしてしまったことから始まった。白川は膜状になった黒色の薄膜を再現しよう条件を探る中で，それまでよりも濃い触媒溶液を用いると薄膜ができやすいことを発見し，これがポリアセチレンの合成につながった。常識的な化学者であれば行わなかったことを研究生が誤ってやってしまったことがきっかけであったが，単なる失敗として葬り去られたかもしれない実験に価値を見出したところがセレンディピティーともいわれる偶然に幸運な発見をする潜在能力とされている。

　ポリアセチレンの構造を図 4.3 に示す。ポリアセチレンは炭素と水素の各1原子を基本構成単位とする最も単純な1次元の共役系高分子である。$(CH)_n$ とも記載される。単結合と二重結合が交互に並んでいる状態を共役系という。この中を電子が伝導していく。

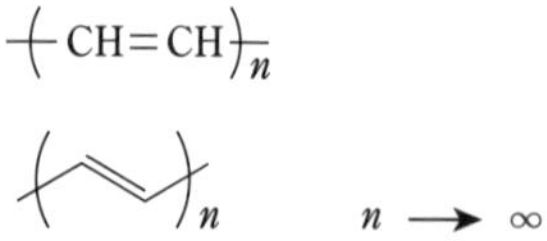

図 4.3　ポリアセチレンの構造

　合成に成功したポリアセチレン薄膜は，実験を繰り返すうちに金属光沢を放つようになった。白川はアルミ箔のように金属光沢を放つポリアセチレン薄膜に「電気が流れるのでは？」と考えたことが，第2のセレンディピティーとも呼ばれている。当時，トランス型ポリアセチレンの電気抵抗率は $1.0 \times 10^4\,\Omega\mathrm{cm}$ でバンドギャップは $0.56\,\mathrm{eV}$ と半導体から絶縁体でしかなかったが，1976年，白川はペンシルバニア大学に招かれ，A. MacDiarmid と固体物理学者の A. J. Heeger も加わって3人での共同研究が始まった。これによって，高分子主鎖に電子が動く余裕すなわちホールを作るために，求電子性のある臭素やヨウ素といったハロゲンを微量添加するという化学ドーピングが考案された。その結果，ポリ

アセチレンの電気伝導度は1千万倍にも上昇し，後の研究で数千 S/cm と金属にも匹敵するものとなった．これが**導電性高分子ポリアセチレン**の発明であった[10),11)]．後に 2000 年，白川は Heeger, MacDiarmid とともにノーベル化学賞を受賞した．ポリアセチレンは切手にもなっている（**図 4.4**）[12)]．

図 4.4 ポリアセチレン（切手）

トランス型ポリアセチレンでは主鎖を構成する炭素原子はπ電子が入ったp軌道を持っており，それぞれのπ電子は隣り合ったp軌道の間で共有されることによって二重結合を形成しているに過ぎず，自由に動くことができないため，局在化しているといわれ，絶縁体か半導体である．**図 4.5** にトランス型ポリアセチレンの構造式を示す．

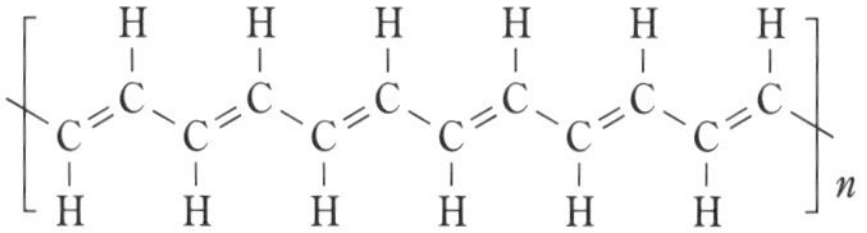

図 4.5 トランス型ポリアセチレンの構造式[13)]

図 4.6 にみるように，ヨウ素のようなアクセプターをポリアセチレンに添加（ドーピング）すると，ヨウ素は主鎖のπ電子を取り去り，そこにホールができる．そこに電圧を加えると，ホールが次々と移動して，すなわち電子が動いて，電流が流れる（**図 4.7**）．

このようにポリアセチレンが高い電気伝導性を持つことが実証されたが，空気中での安定性により優れるという理由で芳香環を含む導電性高分子が次々に開発された．代表的な導電性高分子を**表 4.1** に，また分子構造を**図 4.8** に示す[14)]．

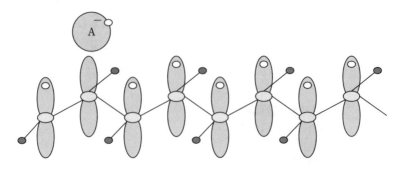

図 4.6 ポリアセチレンの化学ドーピングのイメージ

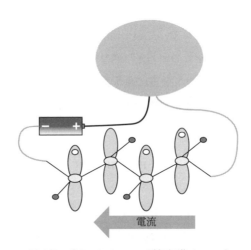

図 4.7 ポリアセチレンの電気伝導イメージ

表 4.1 代表的な導電性高分子

共役系高分子	代表例
脂肪族共役系	ポリアセチレン
混合型共役系	ポリ（p-フェニレン）
複素環共役系	ポリ（p-フェニレンビニレン）
含ヘテロ原子共役系	ポリピロール，ポリチオフェン，PEDOT
2次元共役系	グラフェン

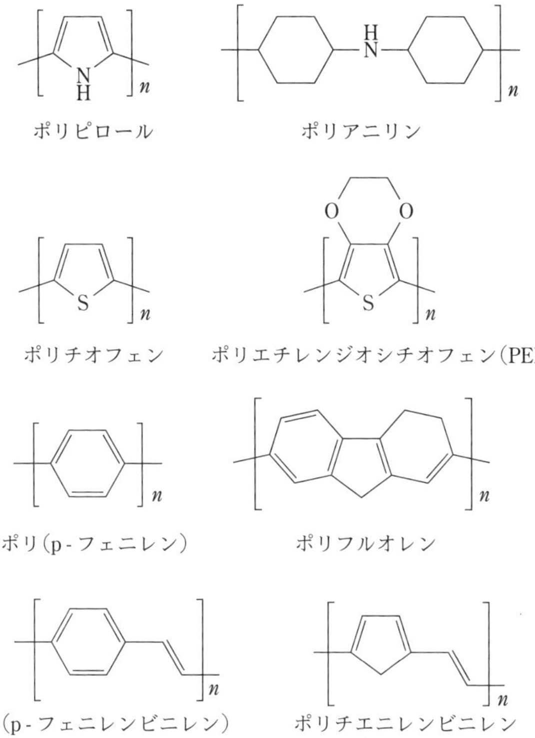

4.4 導電性高分子の発明 35

ポリピロール　　　　　　　　ポリアニリン

ポリチオフェン　　ポリエチレンジオシチオフェン（PEDOT）

ポリ（p-フェニレン）　　　　　ポリフルオレン

ポリ（p-フェニレンビニレン）　　ポリチエニレンビニレン

図 4.8　代表的な導電性高分子の分子構造

　ポリアセチレンの二重結合は親電子付加反応を起こしやすいが，芳香族共役系では二重結合への付加反応は起こりにくいため，より安定である。ポリピロールはアクセプターでドーピングされた状態が安定であり，ピロールの酸化重合によって簡単に合成できるため，固体電解コンデンサに応用されている。通常，電解コンデンサの電解液はイオン伝導体であるため，高周波域でのインピーダンスが大きくなるが，ポリピロールを電解液の代わりに使うと，周波数特性が改善され，小型，軽量，高容量という特性を兼ね備えた固体電解コンデンサができる。ノイズの除去，リップル吸収，デカップリング効果に優れているため，携帯電話，ノートパソコン，端末機器に多用されている。

　1990 年代になると英国ケンブリッジ大学のフレンド（R. H. Friend）[15] らが

導電性高分子ポリフェニレンビニレンの電界発光を発表すると，導電性高分子を用いた有機 EL の研究が盛んになった。一方，低分子の有機 EL デバイスは1987 年当時コダック社のタン（C.W.Tang）[16]らによって開発され，あとから発見された高分子よりも研究としては進んでいた。しかし，プリンタブル集積回路への期待から，溶液に溶かしてロールとロールの間にプラスチックシートを通して生産が可能な高分子に期待が高まっている。近年では低分子，高分子とも優劣をつけがたくなっている。

導電性高分子の中でもポリエチレンジオキシチオフェン（PEDOT）に関しては世界的に研究開発がなされている。それは，優れた安定性，高い導電性，ホール注入性，ドーピング特性を有するからである。特に，高分子であるポリスチレンスルホン酸（PSS）をドーパントにして水や有機溶剤に分散した PEDOT：PSS が開発され，スピンコートでも任意の膜厚の導電性高分子層の作製が可能になったため，有機エレクトロニクスの新たな道が展開されている[17), 18)]。

コンデンサ，トランジスタ，帯電防止フィルム，電池などに用いられつつあり，センサ，アクチュエータ，熱電変換素子などにも応用されはじめている。アクチュエータでは人工筋肉への応用が試みられている。また，PEDOT：PSS は可視光吸収性も少ないため，透明電極として多用されている ITO（Indium Tin Oxide）の代替材料として期待されている。ITO はレアメタルである In と Sn を用いているが，高分子素材である PEDOT：PSS は柔軟性，伸縮性にも優れていることから，タッチパネルやフレキシブル電子ペーパーなど未来のディスプレイへの期待が高い。

図 4.9 に導電性高分子を用いた電界コンデンサの例を示す。導電性高分子アルミ電解コンデンサは，陽極に積層構造の酸化アルミニウム被膜，陰極に導電性高分子を使用することで低インピーダンス・高容量という特徴を実現している。さらに，静電容量の DC バイアス特性がなく，温度特性も安定しているためさまざまな環境下で電源ラインのリップル吸収，平滑，過渡応答性能に優れている。そのため，各種電源回路の入出力段の平滑用途や，CPU 周辺の負荷変動に対するバックアップ用途に用いられ，部品点数の削減や基板面積の縮小に

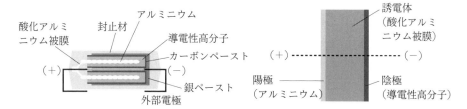

図 4.9 導電性高分子を用いた電界コンデンサの例

つながっているという。

章末問題

1. 導電性高分子の導電メカニズムを考えてみよう。

2. 導電性高分子を電解質コンデンサに使用することによる利点を考えてみよう。

3. 導電性高分子を用いた電子デバイスの例を挙げて考えてみよう。

4. 導電性高分子をアクチュエータに使用することによる利点を考えてみよう。

5. ソフトアクチュエータに関して最近の動向を調べてみよう。

第 5 章 水晶振動子マイクロバランス

　第4章では，生体の中では刺激応答が活動電位として電圧波形の信号伝達として行われていることを述べた。生体の活動電位に相当するような電位応答を周期的に発生する簡便な方法はないだろうか？　その代表例が水晶振動子である。時計やパソコン，スマホにも広く普及して，今日では誰もが身に着けている。生体は活動電位の周波数変化や振幅変化をとらえて知覚する。バイオミメティクスにおいても，わずかな周波数変化や発振状況の変化をとらえることで人工的なセンシングが可能になりつつある。本章では，人や生物の五感からはじめ，半導体産業，デバイス産業ではすでに広く普及し，電気化学や有機エレクトロニクスでも活躍を始めた水晶振動子型センサについて学習する。

5.1　人の五感とセンシング

　バイオミメティクス技術とは，生物にヒントを得た，生物の優れた機能を模倣した技術であるが，必ずしも生物にそっくりな機構を使う必要はない。人の5感のうち，視覚，聴覚，触覚の3感覚は現在物理センサとして実現されている。
　携帯端末，いわゆるスマートフォンにはCCDカメラ（視覚）が常備され，録音（聴覚）も動画録画も可能である。また画面の一部を軽くタッチすることでさまざまな情報入力も可能（触覚）であり，触覚技術，いわゆるハプティクスにより，微妙な力のかかり方も伝送可能な技術ができてきている。しかしながら，残る2つの感覚すなわち嗅覚，味覚を合わせた化学センサはまだまだ開発途上である。空港における麻薬取締り検査には，依然として麻薬犬が活用されている。犬の嗅覚は人間の1万倍とも1億倍ともいわれている。犬を活用することのできない分野である食品，化粧品，香料の生産管理においては，最終的には嗅覚パネラーと呼ばれる人々，いわゆる「鼻利き」や，味覚パネラーと呼

ばれる人々，いわゆる「舌利き」が活躍している。臭気判定士という悪臭防止法に基づき創設された国家資格もある。

　においや味に代表される化学物質のセンシングには，ガスクロマトグラフィーや液体クロマトグラフィーが活用されることが多い。食品や飲料のにおいを分析すると 20 万種以上にも上るといわれている。

　このように沢山の分子の集団であるにおいや味の化学物質を生体はどんな機構で受容して認識しているのであろうか？　物理センサに比べて研究開発が遅れている分野ではあるが，味覚の基本味は甘味，塩味，酸味，苦味，うま味と考えられており，それぞれ，糖，NaCl，H^+，アルカロイド，アミノ酸と核酸が代表的味物質であるとされている。一方，嗅覚に関しては，基本臭は明らかにされていない。コーヒーの香りといった日常のにおいも 400 種以上の分子種を含むことを考えると，1 つの嗅細胞が 1 個の受容サイトを持って 1 つの分子種に応答すると考えるよりも，1 つの嗅細胞は多数のにおいに応答すると考えるほうが自然である。実際に動物実験においては，1 つの嗅細胞は多数のにおいに応答することが確かめられている。

　したがって，人間の嗅覚を模倣するセンサを実現しようとするときは，多数のにおい物質に応答する嗅細胞を多数用意し，そのパターンを用意するのが好ましいと考えられる。こうした方向性においては特性の異なる酸化物半導体などのガスセンサを多数用意し，パターン認識する方法が提案されている。しかしながら，実用上は，においのもとになる「この化学物質だけを選択的にセンシングしたい」ということも多い。例えば，訓練された犬の中には，人間のガン患者から発するわずかなにおいをかぎ分けることのできる「ガン探知犬」が報告されている。糖尿病になると「甘いにおい」がするという医師もいて，古くから患者の体臭から病気を診断する「嗅診」も行われている。特に糖尿病では「ケトン臭」が，腎機能障害では「アンモニア臭」が，胃の障害や歯周病では「腐敗臭」がするといわれている。こうした特定のにおいをガスクロマトグラフィーのような大型の装置ではなく，携帯できる簡便な装置でセンシングできると病気や体の不具合の早期発見につながる可能性がある。

一方，イルカは水中で超音波を出して近接している物体までの距離，形，大きさ，材質を認識するという。また，コウモリも暗闇で超音波を出して獲物を識別し，距離を判断して捕食するという。

本章では，センシングの1つの手法として，高周波を活用する微量化学物質のセンシング方法として期待されている水晶振動子マイクロバランス法を紹介する。今日ではこの手法は，半導体，金属，有機材料の微量計測に必要不可欠な原理ともなっている。

5.2 水晶振動子 [1)]

水晶振動子（quartz crystal oscillator）は，一般的に厚さ0.02～0.2 mm程度の水晶片の両面に電極が取り付けられた形のものである。**図5.1**が水晶振動子の外観となる。水晶振動子は専用の発振回路に接続すると，その素子に応じて決まった発振周波数で振動する。この安定した周波数を得る素子としての性質がおもに，時計，無線機，携帯電話，コンピュータなど基準の発振周波数が必要な電気機器に応用されている。また，周波数制御，周波数選択が必要とされるときには安定した周波数を得るため，水晶振動子に保持器をつけ窒素を充填させて用いることが多い。一方，水晶振動子の質量付加効果という性質により，高分解能センシングデバイスへも応用されてきている。この質量付加効果につ

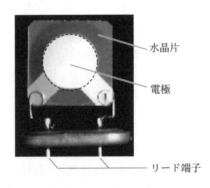

図5.1 水晶振動子

いては 5.4 節で説明する。

5.3 水晶の圧電効果

水晶に機械的なひずみをかけると結晶内のカチオンとアニオンの相対的な位置関係が変化し，両者の重心が一致しなくなり，分極が生じる。フランスのキュリー兄弟により発見されたこの効果を**圧電効果**（piezoelectric effect）と呼ぶ[2]。この現象は，X 軸に垂直に切られたものに大きく生じる。逆に結晶の上下に電極を取り付けて電圧を加えると，カチオンは負の電極へアニオンは正の電極へと移動し，結晶にひずみが生じる（**逆圧電効果**）。この効果を利用することで，機械振動から電気信号への変換が可能となる。また，このような圧電効果は他の結晶も見出されるが，水晶は他に比べ，圧電特性，化学的性質，熱的安定性に優れているといわれている。

水晶振動子の圧電特性を**図 5.2** に示す。同図において，左は電圧をかけていない状態，右は電圧をかけた状態である。特に，水晶の六角柱の稜線に対してある角度をつけて切断すると安定な圧電効果を示す。1922 年，古賀博士は温度変化にも非常に安定な圧電効果を示す水晶の切断面を発見した。これは AT カットと呼ばれ，現在最も多く用いられている。この水晶に電圧を加えると図に示すような厚みずれ振動と呼ばれる振動を示す。

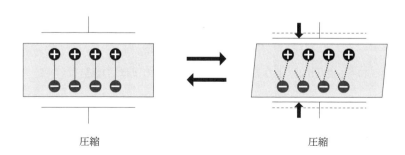

図 5.2　水晶振動子の圧電特性

5.4 質量付加効果

水晶振動子は，基板表面上に物質が付着すると，その質量に比例して固有振動周波数が減少する性質を持つ（**質量付加効果**）。この現象を用いると水晶振動子上に付着した物質の質量を測定することができる。この測定法を **QCM 法**（水晶振動子マイクロバランス法，quartz crystal microbalance method）という。

質量付加効果による周波数減少と水晶振動子上の付着物質の質量との関係を求める。水晶内を進行する波の波長を λ，固有振動数を f_0，速度を v とすると以下の式が成り立つ。

$$v = f_0 \lambda \tag{5.1}$$

図 5.3 は圧電効果による厚みすべり振動を模式的に示しているが，電極を含んだ水晶の厚みを d と置くと，水晶内部の進行波の波長 λ と水晶の厚さ d には以下の関係がある。

$$d = \frac{\lambda}{2} \tag{5.2}$$

図 5.3 水晶振動子の構成

式（5.1）と式（5.2）より f_0 と d の関係はつぎのようになる。

$$f_0 = \frac{v}{2d} \tag{5.3}$$

また，水晶中の進行波の速度 v は水晶剛性率 G と水晶密度 ρ を用いれば

$$v = \sqrt{\frac{G}{\rho}} \tag{5.4}$$

と表すことができる（G と ρ は水晶の切り方によって決まる定数である）。

式（5.4）を式（5.3）に代入すると以下のようになる。

$$f_0 = \frac{1}{2d} \sqrt{\frac{G}{\rho}} \tag{5.5}$$

定数 N を式（5.6）のように定義すれば，f_0 は式（5.7）で表される。

$$N = \frac{1}{2} \sqrt{\frac{G}{\rho}} \tag{5.6}$$

$$f_0 = \frac{N}{d} \tag{5.7}$$

N は水晶振動子がそれぞれ持っている固有の水晶振動子周波数定数と呼ばれる。水晶振動子が AT カットであれば N の値は以下のように知られている。

$$N = 1668 \ \text{kHz·mm} \tag{5.8}$$

つぎに，水晶振動子表面に平均密度 ρ_k の物質が付着し厚みが Δd だけ増加したときを考える。付着した物質量がわずかであるとみなし，$\rho_k \fallingdotseq \rho$ と近似する。

このときの周波数 f は，式（5.7）より

$$f = \frac{N}{d + \Delta d} \tag{5.9}$$

となる。周波数変化量 Δf はつぎのようになる。

$$\Delta f = f - f_0 = -\frac{f_0 \, \Delta d}{d + \Delta d} \tag{5.10}$$

$d \gg \Delta d$ であることを考慮すると，$d + \Delta d \fallingdotseq d$ と近似することができ，以下の式が導かれる。

$$\Delta f = -f_0 \frac{\Delta d}{d} \tag{5.11}$$

付着した物質の質量を Δm とすると，水晶表面の電極面積 S と密度 $\rho_k \fallingdotseq \rho$ より

$$\Delta m = \rho S \Delta d \tag{5.12}$$

となる。式（5.12）を式（5.11）に代入して d と Δd を消去すると，次式となる。

$$\Delta f = - \frac{f_0^2 \Delta m}{N S \rho} \tag{5.13}$$

この式はソルベリー（Sauerbrey）の関係式[3]と呼ばれるものであり，水晶振動子の質量付加効果はこの式の水晶振動子電極上に付着した物質量と共振周波数変化が比例していることに由来する。この式の理論値と，累積質量を π-A 曲線から求められる LB 法（9.3.8 項参照）や，濃度と滴下量から付着量がわかるキャスト法による実験値がほぼ一致することが認められ，質量付加効果を定量的に記述するときに欠かせないものとなった。例えば水晶振動子の基本共振周波数が 10 MHz である場合，式（5.8）を用いると式（5.13）は以下のようになる。

$$\Delta f = - \frac{\Delta m}{0.96 \times 10^{-9}} \tag{5.14}$$

つまり，約 1 ng の物質が付着すると約 1 Hz の共振周波数変化が起こることになり，共振周波数変化値より電極表面に付着した物質量を推測することができる。

この関係式は半導体製造工程や電子産業などの薄膜製造技術における膜厚モニタリングに広く用いられている。

5.5 液中での質量付加効果

気相中においてソルベリーの関係式（5.13）は成立するが，液相中で QCM 法を使うと多くの場合安定して発振しなくなり，ソルベリーの関係式だけでは説明することができない。原因としては，液体の粘弾性が質量付加効果と似たような効果を及ぼすからである。しかし，水晶振動子の片面をシールドするこ

とにより液相中においても安定な発振が得られることが発見され，飛躍的にその用途が広がった。液相中での QCM 法に関して一般的なものとしてゴードン‐カナザワの式[4]と呼ばれるものがある。この式は溶液の粘性と密度により周波数変化が起こることを説明している。ここでは，水晶振動子を液相中に入れたときの周波数変化について検討する。

水晶振動子を進行する波動の速度 v は自由端であることを前提に式（5.4）で定義されている。しかし液相では表面が液体と接触しているため自由端ではなくなる。したがって，表面と溶液との界面での振動波の伝搬を考慮する必要があり，溶液側では式（5.4）は成立しない。界面での反応であるため，**図 5.4** のような粘度と速度勾配の関係にあるニュートン流体について考えればよい。

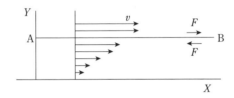

図 5.4 粘度と速度勾配

X 軸方向に平行な流れを考えると，無数に存在する微小な境界面，例えば AB に沿って Y の関数である接線応力 F（単位面積当りの力）が働くため，流速 v も Y の関数になる。もし，接線応力 F が速度勾配に比例するとすれば，溶液の粘度 η を用いて F はつぎのように与えられる。

$$F = \eta \cdot \frac{dv}{dy} \tag{5.15}$$

また，水晶振動子表面に接触している溶液がニュートン流体だとみなせば，溶液の密度を ρ_1 として水晶表面と溶液の界面での運動方程式（5.16）が立てられる。ここでは水晶振動方向を X 軸，電圧方向を Y 軸に取っている。

$$F = \rho_1 \Delta y \cdot \frac{dv}{dt} \tag{5.16}$$

46

この2式から F を消去すると，次式となる。

$$\frac{d^2 v}{dy^2} = \frac{\rho_1}{\eta} \cdot \frac{dv}{dt} \tag{5.17}$$

この方程式の解を求めるために，境界面において水晶振動子と溶液が同じ周波数を持つものとし，さらに基本周波数 f_0 をフーリエスペクトル要素の中で最も大きいものとし，その解のみが保存されるとすると，一般解として式 (5.18) が定まる。

$$v = V_+ \exp\left\{ -(y-d)\sqrt{\frac{j\omega\rho_1}{\eta}} \right\} \exp(j\omega t)$$
$$+ V_- \left\{ (y-d)\sqrt{\frac{j\omega\rho_1}{\eta}} \right\} \exp(j\omega t) \tag{5.18}$$

$y \to \infty$ において $v = 0$ の境界条件により V_- の項がなくなる。この式が界面を超えた $(y > d)$ 溶液側の波動速度を表している。また，界面 $(y = d)$ においては溶液側と水晶側の波動速度は等しく，水晶内 $(y < d)$ における波動速度は式 (5.4) によって定義されているので，以上により次式が成り立つ。

$$V_+ \exp(j\omega t) = \sqrt{\frac{G}{\rho}} \tag{5.19}$$

また，界面においては接線応力も水晶側と溶液側で等しくなる。溶液側の接線応力は式 (5.16) で，水晶内部での接線応力は u を単位長さ当りの変位とし，次式のように表される。

$$F = G\frac{du}{dy} \tag{5.20}$$

これまでの式を整理すると，以下の式にまとめることができる。

$$\tan\left\{ \omega d\sqrt{\frac{\rho}{G}} \right\} = -\sqrt{\frac{\omega\rho_1\eta}{2\rho G}} \tag{5.21}$$

溶液が触れることにより水晶振動子の角振動数 ω が $\Delta\omega$ だけ変化した場合

$$\tan\left(\frac{\Delta\omega}{\omega} \right)\pi = -\sqrt{\frac{(\omega+\Delta\omega)\cdot\rho_1\eta}{2\rho G}} \tag{5.22}$$

と表され，$\Delta\omega \ll \omega$ と近似することで

$$\Delta\omega = -\left(\frac{\omega^{3/2}}{\pi}\right)\sqrt{\frac{\rho_1\,\eta}{2\rho G}} \tag{5.23}$$

となる。この式の角振動数を周波数に変換したものが式（5.24）である。

$$\Delta f = -f_0^{3/2}\sqrt{\frac{\rho_1\,\eta}{2\rho G}} \tag{5.24}$$

この式（5.24）がカナザワの式[4]と呼ばれ，水晶振動子を液相中で用いた場合，溶液の密度および粘性の値によって周波数が減少することを示している。過去のさまざまな研究より，この理論式と実験値を比較したものが報告されており，理論式の正しさを証明している。

以上のように，液相中における水晶振動子は溶液の密度や粘性に影響を受けることを説明したが，QCM 法を用いる際，周波数に影響を与える要因は，このほかにも存在し，使用目的によって考慮される必要がある。気相中では影響を与えないものが，液相中では電極表面と液相界面での変化に水晶振動子が敏感であるためである。例えば，電極表面の粗さや親媒性が周波数に影響がないとはいえない。したがって，液相中で QCM 法を用いる場合周波数変化が質量変化に対応しているかをしっかり考慮しなければならない。そのため，新規に物質をセンシングする際は検量線をとっておくことが望ましい。

5.6　水晶振動子の等価回路および発振回路 [4]

水晶振動子のような電気音響変換素子に対する等価回路としては，水晶板の機械振動面に対応する 2 個の音響端子と駆動電極に対応する 1 個の電気端子を持つメイソンの等価回路をもとに各種音響負荷に対する回路などが研究されているが，図 5.5 のような等価回路で簡略化されることが多い。

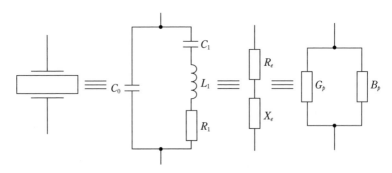

図 5.5 水晶振動子の等価回路 [5]

ここで，R_e は水晶振動子の等価回路の直列抵抗，X_e は水晶振動子の等価回路の直列リアクタンス，G_p は水晶振動子の等価回路の並列コンダクタンス，B_p は水晶振動子の等価回路の並列サセプタンスである。

まずこの回路が得られるのは，水晶が直流や低周波など，周波数が低いときには単純にコンデンサとして働き，周波数がさらに上がるとコンデンサの大きさが減り単なる抵抗として働き，さらに周波数を上げるとコイルとして働くようになるなど周波数によって性質を変えるという性質を持っているためである。この性質は**図 5.6** のリアクタンス特性を見るとわかりやすい。

図 5.6 からわかるように水晶の共振周波数 f_0 付近ではコンダクタンス，コイル，抵抗の性質が入る。つまり，正しくは先の等価回路は共振周波数での水晶の等価回路にあたる。

また，図 5.5 の等価回路から水晶振動子の共振周波数 f_0 は式（5.25）のように表すことができる。

$$f_0 = \frac{1}{2\pi\sqrt{L_1 C_1}} \tag{5.25}$$

一方，反共振周波数 f_1 は式（5.26）のように表せる。

$$f_1 = \frac{1}{2\pi\sqrt{\dfrac{L_0 C_0 C_1}{C_0 + C_1}}} \tag{5.26}$$

5.6 水晶振動子の等価回路および発振回路

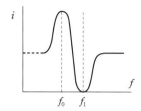

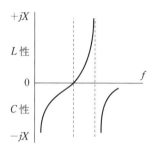

図 5.6 水晶振動子のリアクタンス特性

ここで，水晶振動子では $C_1 \gg C_0$ であり式（5.26）を近似すると，共振周波数と反共振周波数が等しくなる。つまり水晶振動子では f_0 と f_1 がほぼ同じ周波数とみなせる。リアクタンス曲線を見ると，通常は容量性である水晶振動子がこのきわめて狭い周波数範囲（$f_0 \sim f_1$）において誘導性となり，値が 0 から無限大まで急激に変化している。つまり，この周波数範囲で水晶振動子を L として回路に利用すれば，L の変化に対する周波数変化が非常に小さくなり安定な周波数の発振回路が実現できる。水晶振動子を組み込む発振回路としてはハートレー式発振回路，あるいはコルピッツ式発振回路があり，これら発振回路の L の部分に水晶振動子を割り当てれば，水晶振動子の共振周波数で回路が発振する。実際，水晶振動子を用いて安定化させたコルピッツ式発振回路を図 5.7 に示した。

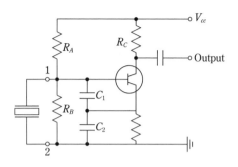

図 5.7 コルピッツ式発振回路

5.7 水晶振動子式センサの感度 [6]

ここでは，水晶振動子式センサによるにおい物質を対象物質とするセンシングを考えよう。5.4 節で述べたように，吸着質量 Δm〔kg〕に対するセンサ出力 Δf〔Hz〕は膜質量 m〔kg〕とその膜自体による共振周波数化 Δf_m〔Hz〕を用いると次式のようになる。

$$\Delta f = \Delta f_m \frac{\Delta m}{m} \tag{5.27}$$

対象物質の膜への吸着を溶媒への溶解と仮定し気液平衡反応とみなせるとする。等温等圧下でこの気液平衡反応の平衡定数 K_x はつぎのようになる。

$$K_x = \frac{x}{P} \tag{5.28}$$

ただし，対象物質は気相中で理想気体，液相中で理想溶液とする。x は膜中での対象物質のモル分率，P〔atm〕は気相中の分圧で，K_x は気相 - 膜間の分配係数で，またヘンリーの法則の係数でもある。吸着量が少ないとき，Δm と x の間に次式が成り立つ。

$$\Delta m = \frac{M}{M_o} m \cdot x \tag{5.29}$$

M は対象物質の分子量，M_0 は膜分子の平均分子量である。よって次式が成り立つ。

$$\frac{\Delta f}{P} = \frac{\Delta f_m}{M_0} K_x \cdot M \tag{5.30}$$

この式は対象物質の気相中の濃度とセンサの出力（周波数変化）が正比例していることを示している。このとき，ラングミュア吸着などの膜表面の吸着が膜内部の吸着より支配的な場合や高濃度でヘンリーの法則が成り立たない場合は式（5.28）が成立せず式（5.30）の関係はなくなる。しかし，対象物質の吸着現象では膜表面より膜内部に取り込まれることを目的としているため，式（5.30）の関係は成立すると考えられる。

一方，平衡定数 K_x に対して次式が成り立つことが知られている。

$$K_x = \exp\left(-\frac{\Delta G^0}{RT}\right) \tag{5.31}$$

ここで，R〔J/mol・K〕は気体定数，T〔K〕は温度，ΔG^0〔J/mol〕は，対象物質の膜への吸着反応に伴う標準ギブスエネルギー変化，すなわち，標準状態（$x=1$，$p=1\,\mathrm{atm}$，$T=$ 一定）において，におい物質 $1\,\mathrm{mol}$ が膜に溶解する際のギブスエネルギー変化である。ΔG^0 は標準エンタルピー変化 ΔH^0 および標準エントロピー変化 ΔS^0 との間に $\Delta G^0 = \Delta H^0 - T \cdot \Delta S^0$ の関係がある。これを式（5.31）に代入するとつぎのようになる。

$$K_x = \exp\left(-\frac{\Delta H^0}{RT}\right) \cdot \exp\left(\frac{\Delta S^0}{R}\right) \tag{5.32}$$

ここで，対象物質として種々の有機物質を考えるときつぎの 4 式が成り立つと仮定する。

$$\Delta S^0 = -\Delta S_\nu^0 \tag{5.33a}$$

$$\Delta H^0 = -\Delta H_\nu^0 \tag{5.33b}$$

$$\Delta S_\nu^0 = 88 \,\text{〔J/mol・K〕} \tag{5.34a}$$

$$\Delta H_\nu^0 = 88 T_b \,\text{〔J/mol〕} \tag{5.34b}$$

ここで，ΔH_v^0 は対象物質の気化熱，ΔS_v^0 は気化に伴うエントロピー変化，T_b は沸点である。

式（5.33a），（5.33b）は膜を理想溶液（膜とにおい物質の間の相互作用がない）と仮定することに相当する。式（5.34a），（5.34b）はトルートンの通則と呼ばれるもので，会合体を作る物質を除いてほとんどの物質で成立する。トルートンの通則は沸点における ΔH_v^0 と ΔS_v^0 を与えるものであるが，ここでは ΔH_v^0 と ΔS_v^0 の温度依存性は無視できると仮定する。式（5.30），（5.32），（5.33），（5.34）より，センサ感度の理論式として次式が得られる。

$$\log\left(\frac{\Delta f}{p}\frac{1}{M}\right) = \frac{88\log e}{RT}\,T_b + \log\left\{\frac{\Delta f_m}{M_0}\exp\left(-\frac{88}{R}\right)\right\} \qquad (5.35)$$

式（5.35）より以下のことが予想される。

① センサ温度 T が一定の場合，センサ感度を分子量 M で割った値の対数は，におい物質の沸点 T_b に比例する（対象物質の分子量 M はどの物質もあまり変わらないので，センサ感度は沸点によってほぼ決まる）。

② センサ温度 T を下げるか，膜厚 Δf_m を増やすか，膜の分子量 M_0 を小さくすることによって，センサ感度が増大する。

あるにおい物質について，センサ感度の対数はセンサ温度の逆数（$1/T$）に比例する。その温度係数はにおい物質の沸点が高いほど大きい（高沸点物質ほどセンサ感度がセンサ温度の影響を受ける）。本式は QCM 型ガスセンサの温度・湿度出力補正に重要である。

一例として，著者らが作製した QCM 型ガスセンサのアンモニアガスに対する応答特性を**図 5.8** に示す。測定湿度 43 ％，温度 25℃，アンモニア濃度 2.8ppm 一定条件で行い，吸着時間 300 秒，脱離時間 300 秒で測定を行った。図に示すように，アンモニアのにおいに応答して，10 回，再現性よく吸着脱離特性を示しており，アンモニアガス濃度のその場での定量測定も小型装置で可能になった。今後，環境モニタリングのみならず，医療やヘルスケアでの実用が期待される。

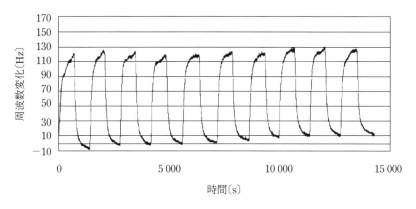

図 5.8　QCM 型アンモニアガスセンサの応答特性

章末問題

① ソルベリーの式を導出してみよう。

② 液体中での水晶発振に関してカナザワの式を導出してみよう。

③ 気体中での水晶振動子を用いたガスセンシングのメカニズムを考えてみよう。

④ 液中での水晶振動子を用いたケミカルセンサのメカニズムを考えてみよう。

⑤ 発振回路の安定した発振条件を考えてみよう。

⑥ ソルベリーの関係式が成り立つ範囲について考えてみよう。

第 6 章　顕微鏡の原理と利用法

　スマートフォンや携帯端末機器の表示板は液晶もしくは有機 EL である。このように身近な機器に急速に有機エレクトロニクスが普及している。タッチパネルは現在 ITO が主流であるが，導電性高分子の普及も急速に進んでいる。こうした有機分子の配列・配向を制御して，機能の発現をめざすとき，植物や動物がお手本になる。

　有機エレクトロニクス普及の背後には，顕微鏡技術の目覚ましい発展がある。植物，動物の表面や内部の構造を直接われわれが目にして，「お手本」とすることができるのは光学顕微鏡に始まり，電子顕微鏡，プローブ顕微鏡（STM，AFM）と呼ばれる顕微鏡の発明，発展があったからといえよう。ハスの葉が水を弾く原理も電子顕微鏡によって μm レベルと nm レベルの凹凸の存在が明らかになった。こうした役に立てることのできる表面微細構造の観察から物理的特徴が明らかになり，生物の優れた機能を活用して，超撥水スプレーや超撥水表面を持つ傘，ウェアが誕生した。また，携帯端末機器の表面は，高度な光の反射防止機能，防汚機能などバイオミメティクスが活用され始めている。優れたバイオミメティクスの活用には，物理的な性質だけでなく化学的な性質も知る必要がある。また，液晶や有機 EL をはじめとするディスプレイ材料やタッチパネルなどの透明導電材料薄膜の開発には，こうした機能性薄膜の評価法の確立が必要不可欠である。

　パソコンや携帯端末機器に必要不可欠なリチウムイオン電池の開発には X 線回折による構造解析や元素分析が活用されている。タッチパネルに用いられる導電性ガラスの評価には，可視光や紫外光の透過率測定のため，紫外可視光（UV-VIS）などの評価方法が有効である。

　ハスの葉の表面のような撥水性の化学的な性質を調べるためには，赤外分光分析法や X 線光電子分光法（XPS）が有効である。

　そこで X 線回折，赤外分光分析法，X 線光電子分光法，紫外可視光（UV-VIS）分光分析法，エリプソメトリー法についても本章で学習する。

6.1 光学顕微鏡

光学顕微鏡（optical microscope，OM）は，可視光をレンズにより集光させ，試料に照射して，透過光や反射光を観察する。前者を透過型光学顕微鏡，後者を反射型光学顕微鏡という。

近年では，可視光としてレーザー光を活用したレーザー顕微鏡が普及している。共焦点レーザー顕微鏡は，レーザー光を試料の特定の狭い範囲に焦点を合わせ，像を検出する。そのため，光を全面に照射する一般の顕微鏡と違って厚い試料でもピントを合わせた画像を得ることが可能である。また，試料のさまざまな箇所の画像をパソコン上で再構築することにより，3次元イメージの作成が可能である。生体分野においては，細胞等の生体試料の観察に用いられる。また，工業分野において回路や半導体部品の品質管理に用いられている。試料に触れないため，高価な試料に損傷を与えずに解析が行える利点も注目されている。

共焦点レーザー顕微鏡の原理を**図 6.1** に示す。共焦点レーザー顕微鏡では光軸方向の情報と 2 次元走査型の情報を組み合わせることにより，立体イメージを構築する。点光源としてガスレーザーや半導体レーザーなどを使用し，サンプルの 1 点のみに強い光が照射される。サンプルの表面で反射された光はピンホール上に集められるが，焦点以外からの反射光はピンホールで除かれる。そのため，他の光学顕微鏡では，焦点以外のぼやけた画像が重なるのに対し，共焦点レーザー顕微鏡では，焦点位置のみの鮮明な画像を得られる。

共焦点レーザー顕微鏡には，おもに試料を動かす試料走査方式とレーザービームを動かすレーザー走査方式の 2 つの方式があり，前者はサンプルを載せたステージを走査し，後者はレーザービームをさまざまな方向に当て，サンプル上を 2 次元走査する。このようにして撮影された複数の 2 次元画像を重ね合わせることで，パソコン上に立体イメージを作成できる。

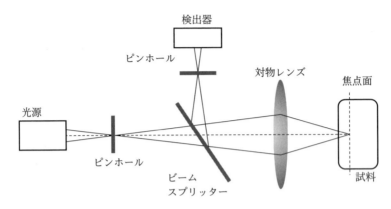

図 6.1　共焦点レーザー顕微鏡の原理

6.2　電子顕微鏡

　光学顕微鏡は，どんな小さなものでも見ることができるわけではない。光学顕微鏡の分解能（複数の物質を分解して判別できる最小寸法）は光の波長に比例するため，光学顕微鏡の限界は数百 nm 辺りにある。その物理的な限界を克服したのが，1930 年代にドイツのクノールとルスカらにより発明されたのが電子顕微鏡である。

　量子力学では，電子は粒子性とともに波動性を持ち合わせているので，ド・ブロイ波長の考え方から，電子の加速しだいで電子の波長は 10 nm を切る。電子顕微鏡は半世紀もの間，いくつもの技術的なハードルを越えながら，水平分解能はオングストローム（10^{-10} m）に達し，ナノの世界の扉を開いた。この功績でルスカは 1986 年にノーベル物理学賞を受賞した。クノールの没後 17 年のことであった。

6.2.1 走査型電子顕微鏡

走査型電子顕微鏡（scanning electron microscope，**SEM**）は電子線を試料表面に照射させ，それを走査することで表面の微細構造を観察する電子顕微鏡である。電子線が照射放出された部分からは二次電子，反射電子，特性 X 線，光などの種々の信号が，試料の形態，物質の密度，あるいは試料に含まれる元素に応じて放出される。

SEM ではおもに，二次電子を検出して画像を作り観察する。二次電子は電子線が試料表面に入射する際の角度によって発生強度が変わるために試料表面の微細な凹凸を二次電子の強弱として検出し，表示することができる。周囲よりも凸部の二次電子が強く，凹部は弱いため，その強弱を白黒のコントラストで表し，微細構造を可視化する。

6.2.2 透過型電子顕微鏡

透過型電子顕微鏡（transmission electron microscope，**TEM**）では，薄い試料を透過した電子線を中間レンズ等で拡大し，蛍光面に衝突させ，その試料の拡大像をモニター上にて観察する。試料の構造や構成成分の違いにより，透過する電子の密度が変わる。試料を透過して観察するため，対象物をできる限り薄く塗ったり，電子線を透過する薄膜に対象物を固定させたりして観察する。加速電圧が 300 kV のときの電子線の波長はド・ブロイの式から計算でき，0.001 97 nm となり，光学顕微鏡で使用される可視光線の波長 400 ～ 800 nm に対して非常に小さいことがわかる。

TEM の分解能は電子線の波長が短いほど，すなわち加速電圧が大きいほど，高くなる。**図 6.2** に光学顕微鏡，透過型電子顕微鏡，走査型電子顕微鏡の構成比較を示す。

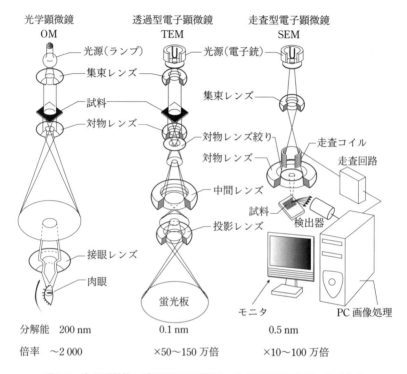

図 6.2 光学顕微鏡，透過型電子顕微鏡，走査型電子顕微鏡の構成比較
（日本電子走査型電子顕微鏡取り扱い説明書より許可転載）

6.3 走査型プローブ顕微鏡（SPM）[1]〜[5]

6.3.1 走査型プローブ顕微鏡の原理

　電子顕微鏡は分解能を高めるためにさまざまな改良がなされてきたが，その中心は，隣接した2点をどれだけ区別できるかということであった。つまり，試料面の水平方向の分解能を高めることに重点が置かれてきた。しかし，原子レベルでは，水平分解能のほかにもう1つ大切な「垂直分解能」という要素がある。もし原子がビー玉を敷き詰めたように配置されているとしたら，その面

6.3 走査型プローブ顕微鏡　59

はデコボコしているはずであり，そのデコボコを認識するには，水平分解能だけではなく，垂直分解能も必要である。

しかも原子1つ1つのデコボコを認識するということは，少なくとも原子の直径（数Å）よりも小さいスケール（0.1Åくらい）の分解能が要求される。しかし電子顕微鏡は，水平の分解能は優れていたが，垂直分解能はそこまで高くなかった。ほかにもいくつかの問題があった。生体物質などを観測するとき電子顕微鏡では真空状態を用意しなければならず，また電子線を照射するため，試料を傷めてしまう。そのため，生体試料の観察には凍結乾燥などの手法がとられ，特殊な染色技術とも合わせて，巧みな技が要求され，生物などを生きたまま観測することは困難だった。

これらの問題を解決するために考え出されたのが，**走査型プローブ顕微鏡**（scaning probe microscope, **SPM**）であった。ここでは SPM の原理や構造を説明する。

光学顕微鏡と電子顕微鏡とでは，細かい仕組みは違うが，対象物を「レンズ」で拡大するといったように，視覚的な部品を持つ点では共通している。電子顕微鏡のレンズはガラスではないが，磁気コイルをレンズとして電子線を曲げていることを考えると，やはり光学顕微鏡の仕組みと似ている。また，プローブ，すなわち入力信号として前者が可視光を用い，後者は電子線を用いているが，いずれも電磁波を入力信号として，入力に対する透過信号や反射信号を出力として，表面の微細構造を分解して可視化する点が共通である。

これに対して，SPM にはレンズや焦点距離といった視覚的な要素はなく，試料を針で掃引（スキャン）することで表面を探るという，まったく新しい発想に基づいている。また，電子線や光などの電磁波ではなく，原子と原子の間のトンネル電流を検出することで表面の凹凸をナノレベルで探ることを初めて可能にした。これがノーベル賞受賞の要因でもある。

直径数Åの原子を観察しようと思えば，少なくともそれより小さい針が必要かのように思われる。例えば，ビー玉を敷き詰めて，電柱ほどの大きな針で擦ってみたところで，ビー玉がどのように並んでいるかは認識困難である。こ

6

顕微鏡の原理と利用法

のSPMが発明された80年代には，垂直方向の分解能を上げることが，機械的に非常に困難と考えられていた。

しかし結果的には，SPMに使われている針はそれほど厳密に作製しなくとも観察できることがあった。もちろん針がシャープなほど解像度が上昇するが，針全体の形よりも，試料に対して最も近い原子が1個だけ存在していることが重要であった。ナノスケールの観察にしては精密さを欠く話のように思えるかもしれないが，針をニッパーでカットするだけで原子が観察できることがあった。

このようなナノの世界の説明には量子力学が必要になり，マクロな現象を，通常目にするわれわれの日常では考えられないさまざまな現象も説明することができる。その代表的な現象が「トンネル効果」である。トンネル効果とは，十分なエネルギーのない電子が障壁をすり抜ける現象である。このトンネル効果を利用して表面の微細構造を観察する顕微鏡をSPMのうちでも特に**STM**（scanning tunneling microscope）という[5), 6)]。

古典力学の世界では，四方ふさがった壁の中に入れられたボールは，壁を飛び越えるのに十分なエネルギーがなければ，いつまでたっても外には出てこない。ただ壁にぶつかって跳ね返るのを繰り返す。しかし，電子はボールのようにはっきりと存在しているのではなく，一定の領域にぼんやりと確率的に存在している。その存在確率は障壁があることによって下がるが，連続的に変化す

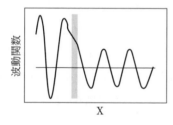
壁のむこう側でも，
波が生じていることがわかる。

（a）壁が薄い場合

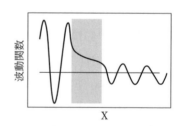
壁のむこう側でも波が生じているが，
より小さいことがわかる。

（b）壁が厚い場合

図 **6.3** トンネル効果

るので障壁のところで急に0になることはない（**図6.3**（a））。そのため，電子の存在領域が壁の外側にも広がっている場合もあり，確率こそ低いものの壁の外側でも電子を見つけることができる。このような粒子の染み出しがトンネル効果である。STMの針はこのトンネル効果を利用している。つまり，針を試料の数nmにまで近づけると，試料と針の間の真空（実際は水中でも固体中でもよい）の障壁でトンネル電流が生じ，それを検出して，固体表面の様子を探っている。針が直接試料に接触しているわけではない。

　このトンネル電流の値（トンネルした電子の存在確率と考えてもよい）は，障壁の厚さに対して指数関数的に減少する。つまり，トンネル電流は針と試料との距離に非常に敏感である。例えば，距離が1Å離れると，トンネル電流値は1桁程度下がる。つまり原理的には試料から1番近い原子にはトンネル電流が生じても，2番目に近い原子にはトンネル電流が生じることはほとんどない。ただし，後述のように先が二股に分かれた針だとトンネル電流を検出する場所が変化して，正確に測定できないこともある。

　この距離に対する敏感さを利用して，つねに一定のトンネル電流が生じるように針の位置を制御できれば，垂直方向の非常に高い分解能が得られることになる。こうして得られたSTMの分解能は，0.005 nm（0.05 Å）だった。こうしてSTMの発明者であるビニッヒ（Binning），ローラー（Rohrer）は1986年にノーベル賞を受賞している。筆者も大学院修士課程の学生のときに，当時ちょうど来日したローラー博士の講演を直接聞き，「原子を見たい」という強い動機を持ち続けて，彼らが達成するまでの経緯と努力，新たな発想を知って，衝撃を受けたことを鮮明に思い出す。

　その後，STMのようにトンネル電流を検出するのではなく，原子間力を検出する原子間力顕微鏡（AFM）が発明された。以下STM，AFMについて取り上げる。

6.3.2　走査型トンネル顕微鏡（STM）

　動作の基本は「トンネル電流」の検出することによって微小な凹凸をとらえ

ることである。試料に対してプローブ（探針）を2次元面内に走査した場合を考える。そのときに，トンネル電流が一定になるように設定されていれば，プローブは試料表面の凹凸に合わせて一定の距離を保とうとするので上下する。この上下運動を感知すれば，試料表面の状態を知ることができる。なお，プローブと試料表面との距離は数nm程度である。また，プローブを試料表面から一定の距離を保てば，表面の凹凸により，トンネル電流の大きさが変化する。このトンネル電流の値から試料表面までの距離を検知できる。こうして，いずれの方法でも試料の表面凹凸に対応した情報を得ることができる。

このために必要な探針は固くて丈夫であることからタングステン（W）が選ばれる。このタングステンの針金をニッパーで斜めに切るだけでも，プローブとして利用できることがあった。しかしこのようなプローブでは，取り替えるたびに分解能が変化したり，まったく異なった画像が現れたりすることが多い。なぜなら，プローブの先端の形状が分岐しているなど一定ではなく，トンネル電流を検出する場所に再現性がないためである。また，薄膜表面を走査するだけならよいが，表面に深い溝があるときはプローブのサイズが問題となって原子表面に近づくことができず，奥まで調べることができない。現在では，先端が原子1個分まで尖ったプローブを再現よく作製するために，電解研磨や機械研磨，電子ビーム加工などが利用されている。

一定のトンネル電流が流れるようにプローブと試料との間のギャップを一定に保つ場合，プローブを上下させる機構が必要となる。その役割を果たしているのが圧電（ピエゾ）素子である。プローブの上下運動はz軸の圧電素子が行っている。

STMの概念に近いものはビニッヒ，ローラー以前にもあったが，実現できなかった原因は，圧電素子などの制御やノイズの除去にあった。ノイズは電気的ノイズのほかに振動や音響ノイズも影響する。電子顕微鏡の場合も振動の除去が必須の条件となるが，STMの場合は直接倍率が電子顕微鏡よりも高いために，より完璧な振動除去が必要となる。そのため，近年では空気ダンパを用いた除振台が使われ，防音，電磁シールド機能を持つフード内で測定することが

多い。

STM はトンネル電流を検出するという性格から，試料が電気を通す必要があり，観察できる試料が限られる。次項で説明する AFM は，このような制約を受けない。また，STM は原子レベルでの観察が可能だが，その元素の同定はできない。そこで，STM と分光学的な装置を組み合わせることで，1 つ 1 つの元素の同定が可能になるように研究開発が行われている。

6.3.3 原子間力顕微鏡（AFM）

STM の登場は画期的であったが，基本的には導電性の試料しか観察できないため，1986 年にビニッヒ，クウェート（Quate），ゲルバー（Gerber）により絶縁体でも測定できる**原子間力顕微鏡**（atomic force microscope，**AFM**）が考案された。AFM は走査プローブ顕微鏡の一種で，先端を尖らせた針を膜の表面上で走査し，針が感じる原子間力を電気信号に変えることで表面の形状を観察する。これら STM や AFM は，近接場顕微鏡（SNOM）などと併せて SPM と呼ばれており，用途に応じてさまざまな研究に使われている。

AFM では先端に鋭いプローブを有するカンチレバーと試料との間に働く相互作用を検出することでプローブ–試料間距離移動を行い，表面形状の測定を行う。近接する 2 つの物体間には必ず相互作用（原子間力）が働き，カンチレバーはばね性を有するため，カンチレバーの変位が微小である場合には相互作用の大きさに比例する。そこで，変位検出器を用いることで，カンチレバーの変位を測定し，それが一定になるようにフィードバックしながら走査することで試料表面の形状を得る。

図 6.4 に 2 個の原子が接近する際の典型的な，原子間力によるポテンシャルの変化を示す。これは**レナード - ジョーンズ**（Lennard-Jones）**・ポテンシャル**と呼ばれ，次式で表される。

$$\varphi(r) = 4\varepsilon \left[\left(\frac{\sigma}{r} \right)^{12} - \left(\frac{\sigma}{r} \right)^{6} \right] \tag{6.1}$$

ここで，φ はポテンシャルエネルギー，r は 2 つの原子間の距離，σ は原子の直

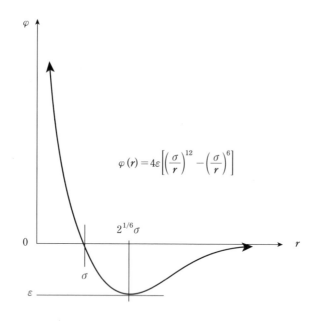

図 6.4 レナード-ジョーンズ・ポテンシャル

径，ε はエネルギーを示す。

　距離が離れているときは引力が働き，その引力はある距離で最大になる。その後，近接すると急激に斥力に変化する。カンチレバーで測定される原子間力が一定になるように，試料とカンチレバーとの距離をピエゾ素子によって一定に保つことで，原子レベルでの表面凹凸を掌握できるようになる。つまり，電磁波ではなく，原子によって「原子を見る」ことが可能となった。

　一般に近接する2つの物体間には必ず原子間力が作用するために，絶縁体の表面を調べることができなかった STM と異なり，AFM には試料の導電性対する制約は原理的にはないが，カンチレバーが走査できる程度の平坦性は求められる。

　試料表面の構造を高分解能に観察するためには，プローブが非常に鋭くなっている必要がある。また，プローブに働く力の変化に敏感に応答し，かつ高速で走査できるように，カンチレバーの機械的共振周波数を高くする必要がある。

一般的には，シリコン（Si）や窒化ケイ素（Si$_3$N$_4$）を微細加工したカンチレバーが使用されている。

カンチレバーの微少変位を検出する変位検出計には，**4分割フォトダイオード**（position sensitive photo diode，PSPD）が使われている。カンチレバーの背面にレーザー光を照射して，その反射光の角度変位から，カンチレバーの変位を検出する光てこ方式を採用したものが多い。

AFMにはいくつかの動作モードがあり，用途によって使い分けている。大別すると以下の3つになる。

1) **接触方式（コンタクトモード）** プローブを試料表面に接触させるように限りなく近づけ，カンチレバーの変位から表面形状を測定する方式。探針–試料間に強い斥力が働いている状態においても原子スケールコントラストが得られる。この方式が使えるのは平坦な基板の場合に限られる。

2) **ダイナミック方式** カンチレバーを共振周波数近傍で振動させることで試料表面に周期的に接近させ，カンチレバーの振動振幅の変化から表面形状を測定する方式。相互作用力をその振動特性の変化として検出する。コンタクトモードでは，プローブ–試料間に働く凝着力によるプローブ先端の破壊が原子分子分解能の妨げとなるが，ダイナミックモードでは，カンチレバーが振動し続けていることから，凝着力がばねの復元力を上回らない限り，プローブの試料への凝着を避けることができる。

3) **非接触方式** プローブを試料表面に接触させずに，カンチレバーの振動周波数の変化から表面形状を測定する方式である。接触方式とダイナミック方式は試料表面の原子レベルの破壊を招いてしまい，真の原子分解能を実現するのは難しい。一方，非接触方式はきわめて弱い引力を高感度に検出する必要がある。そのため，カンチレバーの変位を直接測定する静的な力の検出では難しく，カンチレバーの機械的共振を応用している。

6.3.4 SPMによる観察・評価

高い分解能を兼ね備えたプローブ顕微鏡には，顕微鏡として対象を「見る」

という機能に加えて，対象を「加工する」機能もある．最初に「見る」ということについて，具体例を挙げる．

〔1〕 **半導体デバイスの評価**　近年，SPM が急速に発展してきた背景には，半導体産業からの要請も大きい．半導体デバイスの高性能化には，トランジスタなどの素子をいかにたくさんチップに詰め込めるかが重要である．そのためには，さらなる微細加工技術が求められると同時に，そのあとで行われる LSI ウエハの計測に関しても微細化への適応が必要となる．従来の LSI ウエハの寸法測定には，SEM が使われてきたが，その水平分解能は一般的なもので 10 nm 程度であり，現在の最小加工寸法が 0.1 μm を切り始めた現在では SEM の限界が近づきつつある．また，薄膜技術も進歩しているため（例えば半導体素子のゲート酸化膜は数 nm 程度の厚さである），SEM の垂直分解能は極端に低く，薄膜の凹凸の観察が困難だという問題もある．こうした状況を背景に，最近，高い垂直分解能を持った SPM により 3 次元的な形状を測定し，より広い視野で観察でき，元素分析も可能な SEM の両方を組み合わせた機器も開発され，販売されている．

〔2〕 **SPM による微細加工**　現在の半導体デバイス加工プロセスで，微細加工の最も重要な役割を果たしているのは，フォトリソグラフィー過程と薄膜形成過程である．一般に，薄膜を形成した後に，フォトリソグラフィーによって任意のパターンを形成する．

集光レンズの改良が行われてはいるが，この方法では光の波長に加工寸法が制限されてしまう．現在は，可視光ではなく，さらに波長の短い紫外光などが使われているが，やはり，数 nm の加工寸法を得ることはきわめて困難である．そこで，プローブ顕微鏡を用いた微細加工が考案された．この方法は，理屈の上では原子 1 つ 1 つを動かすこともできる．1990 年に，STM によって原子 1 つ 1 つを動かして IBM という文字が書かれたときには，ついに人類が原子を操ることができるようになったということで一般のメディアにも大きく取り上げられた．続けて日本でも日立製作所などが原子で書く文字を発表した．これは，原子マニピュレーションともいわれている．

電磁波を入力して「見る」という従来の顕微鏡と大きく変わり，STM はトンネル電流で原子を見る，AFM は原子で原子を見る発明であり，いずれも原子の配列と配向も観察可能となった。

6.4　X線回折法 [7), 8)]

1912 年にドイツのマックス・フォン・ラウエがこの現象を発見し，X 線の正体が原子または電子によって放射される 10 ～ 0.01 nm という波長の短い電磁波であることを明らかにした。逆にこの現象を利用して物質の結晶構造を調べることが可能である。このように X 線回折の結果を解析して結晶内部で原子がどのように配列しているかを決定する手法を **X 線結晶構造解析**あるいは **X 線回折法**という。

X 線は通電加熱されたタングステンフィラメントから放出される熱電子を高電圧で加速し，金属ターゲットに衝突させて発生させる。単色 X 線を結晶のように周期構造を持つ物体に照射すると，結晶格子が回折させ，X 線は特定の方向に強く散乱される。簡単のために結晶が 1 種類の原子からできているとすると，結晶は原子の並んだ面（格子面）が間隔 d で重なっている。これを面間隔という。1 枚の原子面については反射角が入射角と等しければ，各散乱波の位相は揃っており，波は干渉し互いに強め合う。つぎに異なった面より鏡面反射した散乱波は，隣り合う面からの光路差がつぎの関係を満たすときに波は強め合い干渉（回折）が生じる。これはブラッグ（Bragg）の条件である。

$$2d \sin \theta = n\lambda \tag{6.2}$$

ここで，θ をブラッグ角，n を反射の次数としている。式（6.2）からわかるように，$\lambda \leq 2d$ でなければ回折は生じない。

薄膜 X 線回折法は入射 X 線を低角度入射させることにより，X 線の分析深さを浅くして，下地の妨害線を減少させ，表面層の分析感度を高める手法である。X 線小角散乱法は散乱角が数度以下の散乱 X 線を観察することにより，ナノスケール（1 ～ 100 nm）の構造情報を得る手法である。X 線小角散乱法が対象と

68

する試料は，高分子，コロイド，脂質などに代表されるソフトマテリアル，超臨界流体，合金，溶液中での蛋白質，筋肉や毛髪といった繊維など，きわめて広範にわたっている。単結晶構造解析や粉末X線構造解析などのX線回折手法と比べて，X線小角散乱法は比較的構造規則性の低い物質の構造解析に用いられることが多い。

散乱強度は後述のとおり，電子密度分布の自己相関関数のフーリエ変換で与えられるため，試料の周期的な構造のほかに，散乱体の大きさ，形状，試料の電子密度揺らぎの相関長などを求めることができる。

1〜100 nmの「ナノ構造」を測定する他の手法として先に述べたTEMやAFMが挙げられるが，これらの手法の応用が表面や薄膜試料に限られているのに対して，X線小角散乱はX線の高い透過力によってバルクのすなわち試料内部の構造を調べることができる。

6.5　赤外分光分析法

赤外分光分析法は，物質に赤外光を照射し，透過または反射した光を測定することで，試料の構造解析や定量を行う分析手法である。赤外光は，電子遷移よりもエネルギーの小さい，分子の振動や回転運動に基づき吸収される。分子の振動や回転の状態を変化させるのに必要なエネルギー（赤外光の波長）は，物質の化学構造によって異なる。したがって，物質に吸収された赤外光を測定すれば，化学構造や状態に関する情報を得ることができる。

赤外分光光度計には，分散型とフーリエ変換型（FTIR）があり，通常，横軸に波数（または波長），縦軸に透過率（または吸光度）をプロットしたグラフの形で出力する。このグラフを赤外吸収スペクトル（IRスペクトル）という。IRスペクトルは，物質固有のパターンを示すことから，構造解析や定性分析に有効である。縦軸の吸光度は物質の濃度や厚みに比例するため，ピークの高さや面積から定量分析を行うことも可能である。

6.6 紫外可視吸光度測定法

　光の吸収量を電気信号に変換して濃度を測定する分析手法は分光分析法と呼ばれ，**紫外可視吸光度測定法**は，検液中に溶存する化学物質を前処理によって光吸収物質に変えた後にランプを用いて特定の波長の光を吸収させ，その光の吸収量から濃度を測定する方法である。**紫外可視分光光度計**（UV-VIS spectrophotometer）の構造は，タングステンランプ，重水素ランプやハロゲンランプなどを光源として用い，モノクローメーター（回折格子）や光学フィルタで光源から特定の波長の光を取り出し，試料を入れたセル（試料室）に特定の波長の光を通して，その光量をフォトダイオードなどで検出し，光の信号を記録するものである。

6.7 エリプソメトリー法[9)]

　エリプソメトリー法とは基板上の薄膜にレーザー光を入射し，光の偏光原理を利用して，薄膜の屈折率と膜厚を求める光学的な薄膜評価方法である。偏光解析法ともいう。

　光学的に平坦な物体の表面に偏光を入射し，反射光を観測すると，物体表面の性質に対応して反射光の偏光の状態が敏感に変わる。逆に偏光の変化の測定によって表面状態を調べるのが偏光解析法である。

　平坦な基材表面に入射する光の入射面に平行・垂直な光の振動成分をそれぞれ p, s で表す。**図 6.5** に示すように屈折率 n' の基盤上に屈折率 n，厚さ d_p の薄膜があり，屈折率 n_0 の媒質から波長 λ の光が，薄膜の表面に入射角 φ_0 で入射するとする。また，媒質と薄膜境界面の反射率・屈折角，薄膜と基板境界面の反射率・屈折角をそれぞれ r, φ, r', φ' とおく。このとき屈折率の波長分散は無視する。この薄膜と基板からなる系の反射率を R とすると

6

顕微鏡の原理と利用法

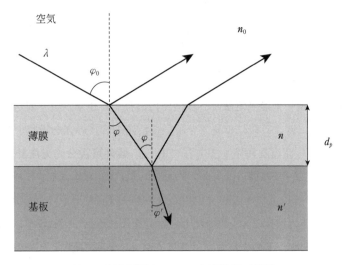

図 6.5 偏光解析法における各屈折率と屈折角

$$R_{p,s}\exp(i\Delta_{p,s}) = \frac{\gamma_{p,s} + \gamma'_{p,s}\exp(-2i\delta)}{1 + \gamma_{p,s}\gamma'_{p,s}\exp(-2i\delta)} \tag{6.3}$$

ここで

$$\delta = \frac{2\pi n d_p \cos\varphi}{\lambda} \tag{6.4}$$

$$\gamma_p = \frac{n\cos\varphi_0 - n_0\cos\varphi}{n\cos\varphi_0 + n_0\cos\varphi} \tag{6.5}$$

$$\gamma_s = \frac{n_0\cos\varphi_0 - n\cos\varphi}{n_0\cos\varphi_0 + n\cos\varphi} \tag{6.6}$$

である。また，γ_p, γ_s を表す式の $n_0 \to n$, $n \to n'$, $\varphi_0 \to \varphi$, $\varphi \to \varphi'$ と置き換えて γ'_p, γ'_p が求められる。また，スネルの法則により

$$n_0\sin\varphi_0 = n\sin\varphi = n'\sin\varphi' \tag{6.7}$$

と表せるので，式（6.3）の右辺は n, d_p の関数となる。

偏光解析法では，$R_p/R_s \equiv \tan\Psi$, $\Delta_p - \Delta_s = \Delta$ が測定される。$\tan\Psi$, Δ をそれぞれ偏光における反射係数比，位相差という。

しかし，実際には式（6.3）が複雑で，$n \equiv n(\Psi, \Delta)$，$d_p \equiv \Delta(\Psi, \Delta)$ の形には書き表せないため，(Ψ, Δ) を (n, d_p) のさまざまな値において計算して，Ψ，Δ の測定値から補完する形で n, d_p を決める。

Ψ, Δ は偏光分光計によって測定する。その構成の一例が**図 6.6** である。これには分光計の素子を通過したあとの偏光状態も記載している。

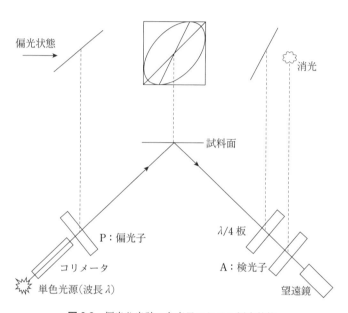

図 6.6 偏光分光計の各素子における偏光状態

P は偏光子で，ここを通った直線偏光が試料に当たり，傾き $\pi/4$ の楕円偏光となるよう，方位角 Ψ を調整する。$\lambda/4$ 板とは四分の一波長板で，方位角が $\pi/4$ になるようにあらかじめ固定しておく。よってこれを通過する傾き $\pi/4$ の楕円偏光は，傾き φ の直線偏光になる。この直線偏光の傾きは検光子 A で測定する。

$$\frac{R_s}{R_p} = \tan \Psi \tag{6.8}$$

$$\Delta = 2\tan\varphi \tag{6.9}$$

で与えられ，n, d_p が求められる。この方法は透明体薄膜の測定において有効

で，単分子層程度の薄膜まで検出できるとされている。薄膜が導体だと屈折率 n が複素数になるので未知数が 3 つになり，偏光以外にもう 1 つ，例えば吸収の測定などが必要になり，解析も複雑になる。

　この評価方法は透明薄膜の測定に有効で，1 nm のオーダーでの膜厚測定が可能である。

■ 章末問題 ///////////////////////////////////

❶ つぎの分析方法において，試料への入力と出力を明確にしながら測定原理を考えてみよう。

　　1）光学顕微鏡　　　2）レーザー顕微鏡　　　3）電子顕微鏡（SEM，TEM）

　　4）X 線回折法　　　5）赤外分光分析法　　　6）X 線光電子分光分析法

　　7）紫外可視光（UV-VIS）分光分析法

❷ 電子顕微鏡において，加速電圧が V〔kV〕のとき，電子の質量を m として電子の波長 λ を導出してみよう。

❸ 電子の質量を $m = 9.1 \times 10^{-31}$ kg，電子の電荷を $e = 1.6 \times 10^{-19}$ C，加速電圧が 30 kV のとき，電子顕微鏡における電子線の波長を求め，可視光の波長と比較してみよう。

❹ 走査型電子顕微鏡ではタングステンのフィラメントから飛び出した電子を 1 点に集めるようにコイルにより磁界がかけられる。この場合の電子の軌跡をマクスウェルの方程式から求めてみよう。

❺ 基板とプローブの先端との距離を z とするとき，z が 1 Å 変化するとトンネル電流が 1 桁変化することを示してみよう。

第 7 章 動画表示素子, ディスプレイ

　窓から室内に入る光の量を調整するとき,「ブラインド」が使われる。このブラインドによる光調整機能を活用した表示ディスプレイを「液晶」のメカニズムと考えてもよいだろう。

　自然界には材料そのものが持つ色ではなく, 光の波長オーダーの媒質と光の相互作用, つまり干渉, 回折, 屈折, 散乱などによって生じる構造色も多く見られる。生物であればカナブンやタマムシなどの昆虫, 孔雀やカワセミといた鳥類, さらには第3章で紹介したモルフォ蝶のような蝶である。構造色を人工的に作る試みは多くなされており, 自動車のボディーにも, 洋服のデザインにも活用されている。近年, カナブンの背中が反射する光も液晶であることが明らかになっている[1]。生物発光で最も効率がよいのはホタルとされている。現在有機 EL ディスプレイの開発が盛んであるが, 人類が開発している発光デバイスでも, ホタルの発光効率を超えることはまだできていない。本章では液晶, 生物発光, および有機 EL ディスプレイについて述べる。

7.1 液　　晶

　パソコンや携帯端末機器の表示素子, いわゆるディスプレイとしては現在では液晶が最も普及している。分子・高分子の分子構造中の双極子の寄与は配向分極をもたらし, 分極率, 誘電率にも構造を反映して異方性が存在することになる。配向分極の寄与は, 光周波数域では消失するので, 屈折率は電子分極からの寄与のみである。有機分子・高分子の誘電率, 屈折率などが電界, 磁界, 光などの外場あるいは外的因子で変化する場合, これを利用する種々のエレクトロニクス, オプトエレクトロニクス素子が可能となるが, 特にこの現象が顕著に現れるものの1つが液晶である。液晶は電界, 磁界などでその配向が制御可能だからである。

液晶とは液体の有する流動性と固体液晶の有する異方性を兼ね備えた物質であり，低分子液晶と高分子液晶がある。まず，低分子液晶を中心に説明する。液晶はその分子配列によってネマチック（nematic）液晶，スメクチック（smectic）液晶，コレステリック（cholesteric）液晶に大別される。

ネマチック液晶は，分子長軸がほぼ方向を揃えており，平均的分子配向方向はディレクタ n で表現される。

スメクチック液晶は，分子長軸方向を揃え，かつ重心もほぼ同一平面上にあり，層状構造をとる。分子長軸方向と層垂線方向が一致するものがスメクチック A，あるいは角度（チルト角）傾いているものがスメクチック C であり，また層内での分子の位置，隣り合う層での相対的な分子位置の関係によってスメクチック B，D，E，F，G，H，をはじめ多くの層に分類される。

コレステリック液晶はやはり層状構造をとるが，分子の長軸は層面内にあり，層ごとに分子の配向方向は回転するので螺旋構造（ヘリックス）をとる。これらの各種の液晶状態が，固体と液体の間にある温度範囲で現れるものがサーモトロピック（thermotropic）液晶と呼ばれ，混合物の特定の濃度範囲で現れるものがリオトロピック（lyotropic）液晶と呼ばれる。エレクトロニクス，オプトエレクトロニクスの分野で活用される多くのものが前者であり，後者は生体組織などに含まれることが多く，生理活性上重要な役割を演じている。

ネマチック，スメクチック液晶の多くは，比較的剛直なコアを中心部に持ち，両末端に柔軟な分子構造を有している。コア部はベンゼンやビフェニルなどを含む共役系の発達した構造となっていることが多い。したがって，各種液晶相の出現は，コア間の電子的相互作用，長い分子末端の分子形態，隣り合う分子間の立体障害による反発などの相互作用を反映するものとなっている。

誘電率に異方性がある場合，電界を印加すれば分子はその配向方向を変え，誘電率の大きな方向が電界方向と一致するようになる。すなわち，液晶分子は電界により駆動することが可能となる。屈折率に異方性がある液晶分子の配向方向が変化すれば，実効的に屈折率が変化するので光学的性質が変わり，光スイッチをはじめ種々の電気光学効果を生じることになる。これが液晶ディスプ

レイに利用されている。

　一般には，分子配向の変化によって複屈折が生じるので，2枚の偏光板間に置いたネマチック液晶を電極で挟み，電圧を印加すれば透過光量が変化する。もちろんこの場合，電極はITOなどの透明電極が用いられる。特に，液晶分子の配向をあらかじめ設定しておけば，透過光の偏光面は90°回転する。この液晶セルを偏光方向が平行な2枚の偏光板に挟んでおけば，遮光された状態になる。液晶がp形液晶である場合，電圧を印加すると液晶の配向長軸方向が電界方向と一致する状態になるので，液晶セルを透過する光の偏光面は回転せず，偏光板を光が透過することになる。すなわち，電圧印加により光をオン，オフすることが可能となる。このタイプの液晶素子はツイスト・ネマチック（TN）形と呼ばれる。

　これに対し，最初のセル内の分子配向方向が90°でなく，240〜270°程度の大きな角度のものがスーパーツイスト・ネマチック（STN）形と呼ばれている。

　これらのTN，STN素子がネマチック液晶を用いたディスプレイに応用されている。カラーディスプレイはこのTN，STN素子とカラーフィルタを組み合わせたものである。一方，ネマチック液晶に2色性色素を混合したゲスト − ホスト形のカラー表示方式もある。この場合，電界による液晶分子の配向変化とともに，ゲストの2色性色素の配向も変化することを利用している。

　TN形ではしきい値特性，メモリ性，応答速度などが必ずしも十分でないことから，ポリシリコン，アモルファスシリコンなどの半導体スイッチング素子と組み合わせて利用されており，これがTFT形と呼ばれるものである。

　高分子主鎖がメソゲン基と屈曲できるスペーサを結合した形のもの，あるいは側鎖にスペーサを介してメソゲン基をペンダントとしてぶら下げた高分子も液晶を呈する場合があり，前者は主鎖形高分子液晶，後者は側鎖形高分子液晶と呼ばれる。なお，メソゲン基とは，低分子液晶の主構成部分とみなしてよい。光スイッチなどに使われるという点からは後者の側鎖形が主流となる。

　高分子液晶ももちろんネマチック，スメクチックなどに分かれる。それぞれ低分子ネマチック液晶，およびスメクチック液晶と同様の電気光学効果が存在

する。一般に，高分子液晶の応答はその粘度から考えて非常に遅い。そこで不斉炭素を有するメソゲン基を担持した側鎖形のスメクチック高分子液晶が強誘電性となるので，電界による配向変化を利用するディスプレイとしての意味が大きい。

高分子液晶ではないが，高分子と低分子液晶の複合体もオプトエレクトロニクス材料として興味深い。高分子に液晶分子を分散し複合体を形成すると，高分子の屈折率と液晶の屈折率が異なり，分散粒子の大きさが光の波長オーダーであれば光散乱が生じるので不透明である。しかし，電界印加により液晶の配向変化が生じ，その結果高分子と液晶の屈折率が等しくなると光散乱が起こらず透明となる。この場合，分散は必ずしも球形粒子として行われる必要はなく，任意の形状でよいが，液晶と高分子の界面の一様性の乱れが光の波長オーダーであれば十分である。

通常，液晶としてはネマチック液晶が用いられるが，ポリマーとの界面の効果もあって，応答速度は通常のネマチック液晶素子よりはるかに高速である。応答時間は粒子サイズに依存し，小さいものほど短く，ms 以下も可能である。

なお，高分子液晶と通常の高分子，高分子液晶と低分子液晶，高分子液晶と通常の分子などさまざまな組合せも可能であり，それぞれに特徴的な電気光学効果が生じると考えられる。特に，高分子液晶と低分子強誘電性液晶，スメクチック形高分子液晶と不斉分子などの混合が有望である。

ネマチック液晶の中で，特殊なものとして，分子が全部同じ方向を向くのではなく，隣り合う分子間で向きを少しずつ変えて並ぶタイプのものがある。これはコレステロールの仲間であり，最初に発見されたため，コレステリック液晶と呼ばれている。光学異性体の片方だけからなる物質が液晶に混ぜられていたり，あるいは液晶分子自体が光学異性体の片方であったりした場合，**図 7.1**に示すように少しずつ分子の向きが違っている層が重なった螺旋構造ができることになる。

コレステリック液晶は，螺旋が 1 回転するごとにもとの状態に戻るという周期構造を持っているため，この周期に応じた円偏光を反射するという性質を持っ

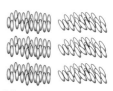

(a) 液体　　(b) ネマチック液晶　(c) コレステリック液晶　　(d) スメクティック液晶

図 7.1　液体と種々の液晶の中の分子配向の比較

ている。つまり，螺旋の周期に応じて色がついて見える。この着色現象が液晶の発見につながったという。自然界においては，カナブンの背中が反射する光がコレステリック液晶による左偏光である（**図 7.2**）。

 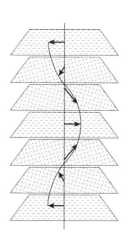

図 7.2　カナブンの背中の反射光とコレステリック液晶

棒状高分子は1つの薄層内ではネマッチック一軸配向をしており，隣接層は相互に一定方向に，一定角度ねじれている。このねじれに長距離相関があり，均一な螺旋構造が現れる[1]。

砂漠に生息する昆虫の表皮は赤外光を反射する特性を持つという[2]。これは，体温の調整ができない昆虫にとって，熱線から体を守る保護膜となっていると推定されている。また，コレステリック螺旋層，ネマチック一軸配向層，コレステリック螺旋層といった3層積層構造を作り上げている昆虫もいる。こうした

赤外線の多い砂漠に生息する生物に学んで開発された赤外反射フィルムがある。

7.2 生物発光

現代人にとって光といえば通常は電気発光を意味している。人類は火を使い，光は「熱源」から発せられた光であった。しかしながら，生命体が作った光，いわゆる生物発光は有機物質と酵素による化学反応でありながら，発熱を伴わないことが特徴である。図 7.3 に示すような小さな体をもつホタルは，摂取したエネルギーを光に変換しているが，その発光効率のよさからほとんど熱になることなく光に変換している。このホタルの生物発光系は地上できわめて発光効率が高く，医療・衛生関連分野でも応用されている。医療用の検査診断薬や研究用では遺伝子診断の可視化に，食品や水質の衛生検査としては雑菌計測のセンサとして応用されている。ホタルは蛍という字のとおり蛍光を発し，計測においては高感度で測定ができる。

 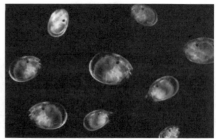

図 7.3　ホタルの発光と海ホタルの発光

ホタルの生物発光は**ルシフェリン‐ルシフェラーゼ反応**（L-L 反応）と呼ばれ，発光基質（有機化合物）であるルシフェリンと発光酵素のルシフェラーゼがアデノシン三リン酸（ATP）とマグネシウム存在下で反応し，特徴的な反応経路を経て励起状態のオキシルフェリンとなり，これが基底状態へと失活する際に蛍光を発する。生物発光とは異なるが，エレクトロケミルミネッセンス（electro chemi luminescence），いわゆる電気化学発光に関しては，Ru 錯体な

どの研究報告例は多い[3]。しかしながら現代でも，このホタルの生物発光の効率に人類が作る発光がまだまだ及んでいないことから，バイオミメティクスによる今後のさらなる研究開発が望まれている。

7.3 有機 EL

　ホタルの生物発光の効率には及ばないものの，次世代ディスプレイ技術として**有機 EL** が注目を浴びている。スマートフォンディスプレイとしても採用され，今後の展開が期待されている。

　有機 EL は **OLED**（organic light-emitting diode）と略称され，液晶と並ぶディスプレイの表示方式で有機 EL パネルが自ら発光するというシンプルな仕組みで映像を表示するものである。現在の有機 EL の基礎になった発明は，1987 年にアメリカのコダック社のタン氏らによる，薄膜積層型デバイスの提案に端を発する。基本的な発光原理は，陰極および陽極に電圧をかけることにより，各々から電子と正孔を注入する。注入された電子と正孔はそれぞれの電子輸送層・正孔輸送層を通過し，発光層で結合することで発光する。バックライトで画面を光らせる液晶とは違い，有機 EL は自発光方式であるため，映像の黒色の表現力に優れる。また，動画の応答速度も速く，残像がない。さらに，視野角が広く，広色域も実現できるなど，画質では液晶より優れた点も多い。特に，絵画のように壁に貼り付けられるような新しいテレビモニターとしての利用方法が期待されている。

　有機 EL 素子の発光原理を**図 7.4** に示す。一層または多層の有機化合物を一対の電極で挟み，直流電流を印加すると，陽極から正孔が，陰極から電子が有機化合物内に注入される。この正孔と電子が有機薄膜層内で出会い，正孔-電子対が形成され，再結合し有機分子を励起した状態にする。この発光性励起子はその分子に特有な光に変換される。この両極から注入された正孔と電子の再結合エネルギーにより有機化合物の励起状態を生成し，発光させるという点は，化合物半導体の LED と同様である。効率的な発光には，正孔と電子の注入効率と

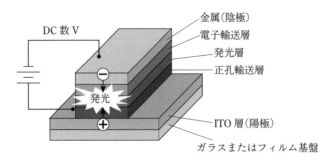

図 7.4　有機 EL 素子の発光原理

電荷バランス，正孔と電子を発光層に閉じ込めることによる再結合確率の向上が必要である．このために，正孔層輸送層，電子輸送層，発光層などからなる多層構造が一般的である．また，ブロック層やバッファ層，電極材料，構造も開発されている．

有機 EL 素子材料には，大きく分けて高分子と低分子などさまざまな材料が試されてきた．発光層では蛍光材料と燐光材料に分けられる．低分子材料を用いた有機 EL 素子は，必然的に発光のために層構造が多層化し，図 7.5 に示す

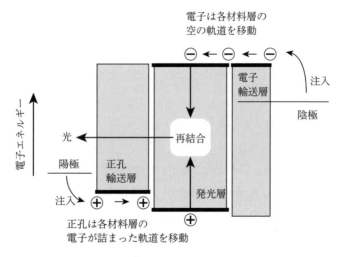

図 7.5　有機 EL 素子各層のエネルギー図

ように，少なくとも正孔輸送層・発光層・電子輸送層から構成される。この場合の多層構造は精密に厚みが制御された薄膜である必要があるため，一般に真空蒸着が必要となる。一方，高分子材料を用いた有機EL素子は，輸送層や発光層などの精密な多層構造を必要とせず，各層の機能を兼ね備えた1種類の有機物を1層だけ用いる。このため，印刷などの方法が利用できる。

　白色有機ELは1993年に山形大学の城戸淳二らにより考案された。その後，各社開発を続け，現在では国内，海外メーカーなどから白色発光層を用いて，カラーフィルタを通すことで赤，緑，青色を得る有機ELの大型ディスプレイが壁掛けテレビの形で商品化されている。

章末問題 ////////////////////////////////

❶ カナブンの光の反射の原理を考えてみよう。

❷ 砂漠で生息する生物のうちで，赤外反射特性に優れたものを挙げ，原理を考えてみよう。

❸ ホタルや海ホタルの発光のメカニズムを説明してみよう。

❹ 有機ELの原理を説明し，液晶と比較してみよう。

第 8 章 光学多層膜の原理と応用

　第 2 章で述べたモルフォ蝶や第 7 章で述べたカナブンの羽はその特色ある微細構造のために，特定の波長を反射し，美しい構造発色を発現する。また第 2 章で述べたように蛾の目はモスアイ構造とも呼ばれ，光の反射率を非常に抑えた複眼により，ごくわずかな光を効率よく透過することで，夜間の飛行も容易にしている。本章では，この原理を電磁気学の基本からひもといて屈折率の異なる多層膜による光の透過と反射を学ぶ。最近のディスプレイやミラーなどデバイス応用についても触れる。

8.1　フレネルの透過と反射[1]

　異なる等方媒質が平面を境にして接しているとする。図 8.1 に示すように，媒質 1（誘電率 ε_1，透磁率 μ_1）から平面波が入射すると，境界平面で一部は媒質 2（誘電率 ε_2，透磁率 μ_2）に透過屈折し，残りは反射する。平面波の屈折，反射について，両方の媒質中の波の位相が境界平面で一致しなければならないという条件から，スネルの屈折法則や反射法則が導ける。しかしながらこれだけでは透過率，反射率を求めることはできない。本節ではマクスウェルの方程

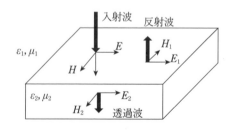

図 8.1　平面電磁波の媒質境界における反射と透過

式を用いてその解析をする。

マクスウェルの方程式を以下に示す。E を電界ベクトル，B を磁束密度ベクトル，H を磁界ベクトル，D を電束密度ベクトル，J を電流密度ベクトル，ρ を電荷密度とする。

$$\nabla \times H - \frac{\partial D}{\partial t} = J$$

$$\nabla \times E + \frac{\partial B}{\partial t} = 0 \tag{8.1}$$

$$\nabla \cdot D = \rho$$

$$\nabla \cdot B = 0$$

ここで，物質の性質に関する式 $D = \varepsilon_0 E$，$B = \mu_0 H$，$J = \sigma E$ が加わり，方程式として完結する。ここで，ε_0，μ_0，σ はそれぞれ真空の誘電率，真空の透磁率，媒質の導電率である。電荷のない自由空間を考えると，マクスウェルの方程式は

$$\nabla^2 E = \sigma \mu \frac{\partial E}{\partial t} + \varepsilon \mu \frac{\partial^2 E}{\partial t^2} \tag{8.2}$$

$$\nabla^2 H = \sigma \mu \frac{\partial H}{\partial t} + \varepsilon \mu \frac{\partial^2 H}{\partial t^2} \tag{8.3}$$

となる。

媒質が絶縁体であれば $\sigma = 0$ として

$$\nabla^2 E = \varepsilon \mu \frac{\partial^2 E}{\partial t^2} \tag{8.4}$$

$$\nabla^2 H = \varepsilon \mu \frac{\partial^2 H}{\partial t^2} \tag{8.5}$$

となる。これは E，H が波動の形となることを示し，電磁波という。その伝搬速度は

$$v = \frac{1}{\sqrt{\varepsilon \mu}} \tag{8.6}$$

となり，真空中では光速に等しい。

84

　完全誘電体で，z軸に垂直な任意の表面上で電界も磁界も一定である場合を考える。これらはz, tだけの関数となるので

$$-\frac{\partial H_y}{\partial z} = \varepsilon \frac{\partial E_x}{\partial t}, \qquad \frac{\partial E_x}{\partial z} = -\mu \frac{\partial H_y}{\partial t}$$

$$\frac{\partial H_x}{\partial z} = \varepsilon \frac{\partial E_y}{\partial t}, \qquad \frac{\partial E_y}{\partial z} = \mu \frac{\partial H_x}{\partial t}$$

$$\frac{\partial E_z}{\partial t} = 0, \qquad \frac{\partial H_z}{\partial t} = 0 \tag{8.7}$$

$$\frac{\partial E_z}{\partial z} = 0, \qquad \frac{\partial H_z}{\partial z} = 0$$

である。$E_z = 0$, $H_z = 0$（定数）の場合を考えて

$$\frac{\partial^2 E_x}{\partial z^2} = \varepsilon\mu \frac{\partial^2 E_x}{\partial t^2}, \qquad \frac{\partial^2 E_y}{\partial z^2} = \varepsilon\mu \frac{\partial^2 E_y}{\partial t^2}$$

$$\frac{\partial^2 H_x}{\partial z^2} = \varepsilon\mu \frac{\partial^2 H_x}{\partial t^2}, \qquad \frac{\partial^2 H_y}{\partial z^2} = \varepsilon\mu \frac{\partial^2 H_y}{\partial t^2} \tag{8.8}$$

となる。

　これらの波動方程式でz軸の正方向に進む波を考えて，Eはつぎの関数で表される形を持つ。

$$E_x = f_1(z-vt), \qquad E_y = g_1(z-vt) \tag{8.9}$$

これから

$$H_z = -\sqrt{\frac{\varepsilon}{\mu}}\, E_y, \qquad H_y = \sqrt{\frac{\varepsilon}{\mu}}\, E_x \tag{8.10}$$

を得る。このように，z軸に垂直な平面では，E, Hはどこでも一定である。これを平面電磁波という。

　上式より

$$E_x \cdot H_x + E_y \cdot H_y = 0 \tag{8.11}$$

を得るので$E \perp H$となり，EとHは進行方向に垂直である。

　E, Hの大きさの比は

$$\frac{H}{E} = \sqrt{\frac{\varepsilon}{\mu}} \tag{8.12}$$

となる。また，電磁波のエネルギーは

$$U = \frac{1}{2}\left(\varepsilon E^2 + \mu H^2\right) \tag{8.13}$$

となるため

$$\frac{1}{2}\varepsilon E^2 = \frac{1}{2}\mu H^2 \tag{8.14}$$

を得る。すなわち，電磁波（光）のエネルギーは電波と磁波により半分ずつ運ばれる。この際，進行方向に垂直な平面の単位面積を通して単位時間内に運ばれるエネルギーの大きさは

$$S = \frac{1}{2}\left(\varepsilon E^2 + \mu H^2\right) \cdot \frac{1}{\sqrt{\varepsilon\mu}} = EH = \sqrt{\frac{\varepsilon}{\mu}}\,E^2 \tag{8.15}$$

となり，方向も含めてエネルギーの流れは

$$S = E \times H \tag{8.16}$$

で表される。この S がポインティングベクトルと呼ばれる。

さて，平面電磁波が異なる媒質に入射するときの反射波と透過波を求めよう。入射波の電界，磁界の振幅を E, H, 反射波も同様に E_1, H_1, 透過波も同様に E_2, H_2 とする。反射波の進行方向は逆になるため，境界条件は

$$E + E_1 = E_2, \qquad H - H_1 = H_2 \tag{8.17}$$

式（8.12）より

$$H = \sqrt{\frac{\varepsilon_1}{\mu_1}}\,E, \quad H_1 = \sqrt{\frac{\varepsilon_1}{\mu_1}}\,E_1, \quad H_2 = \sqrt{\frac{\varepsilon_2}{\mu_2}}\,E_2 \tag{8.18}$$

となるので

$$\sqrt{\frac{\varepsilon_1}{\mu_1}}\,E - \sqrt{\frac{\varepsilon_1}{\mu_1}}\,E_1 = \sqrt{\frac{\varepsilon_2}{\mu_2}}\,E_2 \tag{8.19}$$

これらより

反射波　$E_1 = \dfrac{\sqrt{\dfrac{\varepsilon_1}{\mu_1}} - \sqrt{\dfrac{\varepsilon_2}{\mu_2}}}{\sqrt{\dfrac{\varepsilon_1}{\mu_1}} + \sqrt{\dfrac{\varepsilon_2}{\mu_2}}} \cdot E, \quad H_1 = \sqrt{\dfrac{\varepsilon_1}{\mu_1}}\, E_1$

透過波　$E_2 = \dfrac{2\sqrt{\dfrac{\varepsilon_1}{\mu_1}}}{\sqrt{\dfrac{\varepsilon_1}{\mu_1}} + \sqrt{\dfrac{\varepsilon_2}{\mu_2}}} \cdot E, \quad H_2 = \sqrt{\dfrac{\varepsilon_2}{\mu_2}}\, E_2$

$$(8.20)$$

となる。

エネルギーの式（8.15）を用いて

反射率　$r = \left(\dfrac{E_1}{E}\right)^2 = \left(\dfrac{\sqrt{\dfrac{\varepsilon_1}{\mu_1}} - \sqrt{\dfrac{\varepsilon_2}{\mu_2}}}{\sqrt{\dfrac{\varepsilon_1}{\mu_1}} + \sqrt{\dfrac{\varepsilon_2}{\mu_2}}}\right)^2$

透過率　$t = \left(\dfrac{E_2}{E}\right)^2 = \dfrac{4\sqrt{\dfrac{\varepsilon_1 \varepsilon_2}{\mu_1 \mu_2}}}{\left(\sqrt{\dfrac{\varepsilon_1}{\mu_1}} + \sqrt{\dfrac{\varepsilon_2}{\mu_2}}\right)^2}$

$$(8.21)$$

と求められる。媒質中の伝達速度を考え，屈折率は c を光速として

$$n = \frac{c}{v} = \sqrt{\frac{\varepsilon \mu}{\varepsilon_0 \mu_0}} \tag{8.22}$$

であり，$\mu \fallingdotseq \mu_0$（真空の透磁率）であるため

反射波　$E_1 = \dfrac{n_1 - n_2}{n_1 + n_2} \cdot E, \quad H_1 = n_1 \sqrt{\dfrac{\varepsilon_0}{\mu_0}} \cdot E_1$

透過波　$E_2 = \dfrac{2n_1}{n_1 + n_2} \cdot E, \quad H_2 = n_2 \sqrt{\dfrac{\varepsilon_0}{\mu_0}} \cdot E_2$

反射率　$r = \left(\dfrac{n_1 - n_2}{n_1 + n_2}\right)^2 = |\rho|^2$

透過率　$t = \dfrac{4n_1 n_2}{(n_1 + n_2)^2} = 1 - r \equiv |\tau|^2$

$$(8.23)$$

となる。この関係式を**フレネルの公式**，特にρをフレネルの**反射係数**，τを**透過係数**という。例えば，空気に対する屈折率1.5のガラス面に空気中から垂直に入射するとき

$$\text{反射率}\quad r=\left(\frac{1.5-1}{1.5+1}\right)^2=0.04$$
$$\text{透過率}\quad t=1-r=0.96$$
(8.24)

となる。

8.2 多層膜の透過と反射 [1)~5)]

続いて，図8.2に示すような単層膜の多重反射について考える。電磁波Iが屈折率n_0の媒質から屈折率nの媒質を通過して最終的に屈折率n_mの媒質に入る場合を考える。媒質nの表面で最初に反射した電磁波をI，媒質nの下層界面で反射して媒質Iの表面で反射して2回目にn_0が出た電磁波をII，同様に3回目，4回目，5回目に出た電磁波をIII，IV，Vとする。媒質n_mに最初に出る電磁波をI'，同様に2回目，3回目，4回目，5回目で出る電磁波をII'，III'，IV'，V'とする。また媒質nの厚みをdとする。

基板と薄膜において吸収がないと仮定した場合

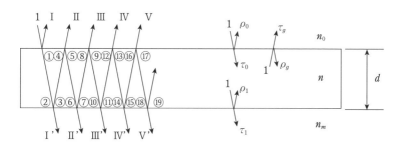

図8.2 単層膜の多重反射

$$\rho_0 = \frac{n_0 - n}{n_0 + n}, \quad \tau_0 = \frac{2n_0}{n_0 + n} \tag{8.25}$$

$$\rho_g = \frac{n - n_0}{n_0 + n}, \quad \tau_g = \frac{2n}{n_0 + n} \tag{8.26}$$

$$\rho_1 = \frac{n - n_m}{n + n_m}, \quad \tau_1 = \frac{2n}{n + n_m} \tag{8.27}$$

と置くことができる。膜厚 d の薄膜を1回通過して基板との境界面に達した光は

$$\delta = \frac{2\pi}{\lambda} nd \tag{8.28}$$

だけ位相が変化する。よって，基板へ入射する直前のフレネル係数は $\tau_0 \exp(-i\delta)$ で表すことができる。よって薄膜の多重繰り返し反射が起きた場合の反射波の反射係数 ρ は

$$\rho = \frac{\rho_0 + \rho_1 e^{-2i\delta}}{1 + \rho_0 \rho_1 e^{-2i\delta}} \tag{8.29}$$

となり，同様に透過波のフレネル係数は

$$\tau = \frac{\tau_0 \tau_1 e^{-i\delta}}{1 + \rho_0 \rho_1 e^{-2i\delta}} \tag{8.30}$$

となる。垂直入射の場合，反射および透過のフレネル係数は，次式となる。

$$\begin{aligned} r_1 &= \frac{n_0 - n_1}{n_0 + n_1}, \ t_1 = \frac{2n_0}{n_0 + n_1} \\ r_2 &= \frac{n_1 - n_2}{n_1 + n_2}, \ t_2 = \frac{2n_1}{n_1 + n_2} \end{aligned} \tag{8.31}$$

特に膜に吸収がないとき，エネルギー反射率および透過率は

$$\begin{aligned} R_0 &= R_0 R_0^* \\ &= 1 - \frac{8 n_0 n_1^2 n_2}{(n_0^2 + n_1^2)(n_1^2 + n_2^2) + 4 n_0 n_1^2 n_2 + (n_0^2 - n_1^2)(n_1^2 - n_2^2)\cos 2\delta_1} \end{aligned} \tag{8.32}$$

$$T_0 = \frac{n_2}{n_1} T_0 \cdot T_0^* = 1 - R_0 \tag{8.33}$$

で与えられる。ここで，R_0^*，T_0^* はそれぞれ，R_0，T_0 の共役複素数である。式（8.32），（8.33）より R_0，T_0 は $\delta_1 = (2\pi/\lambda)n_1 d$ に対して振動する。$n_2 > n_1 > n_0$ あるいは $n_2 < n_1 < n_0$ のとき，$n_1 d = (2m+1)\lambda/4$ で R_0 は極小値

$$R_{0\mathrm{min}} = \left(\frac{{n_1}^2 - n_0 n_2}{{n_1}^2 + n_0 n_2} \right)^2 \tag{8.34}$$

をとる。また $n_1 d = 2m\lambda/4$ のとき R_0 は極大値

$$R_{0\mathrm{max}} = \left(\frac{n_2 - n_0}{n_2 + n_0} \right)^2 \tag{8.35}$$

をとる。この値は膜がない場合の値に等しい。ここで m は整数である。

　n_1 が n_2，n_0 のいずれよりも小さい場合，あるいは n_1 が n_2，n_0 のいずれよりも大きい場合，R_0 は逆に $n_1 d = (2m+1)\lambda/4$ で極大値を，$n_1 d = 2m\lambda/4$ のとき極小値をとる。その値はいずれも式（8.34），（8.35）で与えられる。同式において，n_1 と他の値との差が大きくなるほど，R_0 を 1 に近づけることができる。光学設計において，種々の n_1 の値に対する反射率の値を $n_1 d/\lambda$ の関数としてシミュレーションすることが多い。ここで，nd は**光学厚さ**と呼ばれる。式（8.34）から，$n_1 < n_2$ のとき，反射率は n_1 層がないときよりも低下し，特に $n_1 = \sqrt{n_0 n_2}$ のとき反射率 R_0 が 0 となり，完全に反射が防止されることがわかる。これを**反射防止膜**という。逆に R_0 が 1 に近づく場合は反射鏡を作製できる。

　今度はさらに高精度な光学設計のため，**図 8.3** に示すような 3 層以上の多層膜を考える。多層膜の光学計算方法は有効フレネル係数を用いる方法と，マトリックス法とがある。光学インピーダンス Z，アドミッタンス $Y = 1/Z$ の概念を導入すれば，多層膜の光学計算に電気回路の分布定数回路の概念が適用できる。薄膜を重ねるごとに 4 端子回路を直列接続することになるため，多層膜の計算はマトリックスの積を求める計算になる。ここでは前者の有効フレネル係数を用いてコンピュータで計算しやすい方法を紹介する。第 1 層からの振幅反射率は

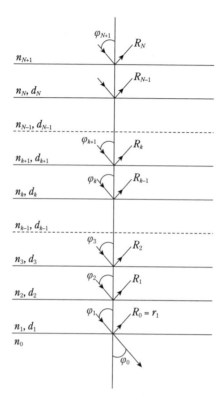

図 8.3 多層膜における光の反射と透過

$$R_1 = \frac{r_2 + r_1 e^{-2i\delta_1}}{1 + r_2 r_1 e^{-2i\delta_1}} \tag{8.36}$$

で表される．第1層を上式で表される反射率をもつ単一境界とみなせば，第2層からの反射率は

$$R_2 = \frac{r_3 + R_1 e^{-2i\delta_2}}{1 + r_3 R_1 e^{-2i\delta_2}} \tag{8.37}$$

と表される．このプロセスを最上層まで進めていくと，多層膜の反射率を得ることができる．第j層からの反射率の式

$$R_j = \frac{r_{j+1} + R_{j-1} e^{-2i\delta_j}}{1 + r_{j+1} R_{j-1} e^{-2i\delta_j}} \tag{8.38}$$

をサブルーチン化しておき，$j = 1 \sim N$ までを繰り返すプログラムを作成することで，任意の N 層の多層膜の反射率を求められる。ここで

$$R_0 = r_1, \quad \delta_j = \frac{2\pi}{\lambda} n_j d_j \cos\varphi_j \tag{8.39}$$

である。多数層の積層により，反射を強く抑えることができ，また一方，反射を増強することも可能である。前者は光学レンズやディスプレイ表面などに，後者は光学ミラーなどに活用されている。

第 2 章の図 2.10 に示したモルフォ蝶の羽は，特定の波長を増強して反射する増反射膜になっているためきれいな青い光を輝かせるが，平面上の多層膜ではなく，自己組織化により 3 次元構造を形成するところが神秘的である。また，蛾の目玉の構造，いわゆるモスアイ構造も 3 次元構造によって，反射防止膜を形成し，透過率を上昇させてわずかな光をとらえるため，夜間でも飛行が可能である。

人工の光学系は近年急速に発展してきているが，生まれながらにして自己組織化で立体構造を形成し優れた機能を発現するモルフォ蝶，コガネムシやカナブン，蛾の目の神秘を知ると，われわれはまだまだバイオミメティクスの活用の余地がありそうである。

8.3　有機高分子の屈折率 [3), 6) ~ 8)]

屈折率は，光学材料における最も重要な光学特性の 1 つである。例えば，レンズ設計においては，色収差を小さくするために，分散特性の狭いポリマー系が好まれる。したがって，光学材料としては，高屈折率で分散特性の狭いポリマーが基本的に要求される。そこで屈折率とポリマー構造との関係を以下に考察する [3)]。

等方性誘電体媒質の屈折率 n は，ローレンツ-ローレンツ（Lorentz-Lorenz）の式が適用される。これは，分極した分子間の双極子相互作用が小さいときにおけるマクロな屈折率とミクロな分極率との間の関係式である。媒質が分極率

α の一種類の分子から構成され，$1 \, \mathrm{cm^3}$ 中の分子数を N とすると，次式が成り立つ。

$$\frac{n_D^2 - 1}{n_D^2 + 2} = \frac{4}{3} \pi N a \tag{8.40}$$

ここで，n_D：D線（波長 589.3 nm）における屈折率，α：分極率である。

一般に光は高周波の電磁波なので，電界に置かれた分子中には電子の偏りが起こり，双極子モーメントを生じる。この電気的なひずみやすさを表す尺度が分極率であり，分子と光の相互作用の程度を表す定数である。

分子屈折は加成性が成り立ち，その分子を構成する原子の原子屈折の和として求めることができる。1つの分子が j 種類の原子からなり，それぞれ v_1, v_2, …, v_j 個で構成されている場合，分子の分極率は構成原子の分極率 α_1, α_2, …, α_j の和として表される。

$$\alpha = v_1 \alpha_1 + v_2 \alpha_2 + \cdots + v_j \alpha_j \tag{8.41}$$

そのため分子屈折 $[R]$ は以下のようになる。1モル当りの分子数，すなわちアボガドロ数を N_A として

$$[R] = \frac{4}{3} \pi N_A \alpha = \sum_i \frac{4}{3} \pi N_A v_i \alpha_i \tag{8.42}$$

式（8.42）から物質の屈折率を大きくするためには分極率 α を大きくする，または分子屈折を高め，1モル当りの体積（分子容という）を小さくすればよい。ところが，一般的にポリマーの分子容はポリマーの種類によって，それほど大きく変化はしない。したがって，屈折率は主として分子屈折，つまり分極率に支配されている。

屈折率の高い原子は塩素，臭素，ヨウ素などのハロゲン基あるいはベンゼン環などである。一方，フッ素原子をもつポリマーは一般に屈折率が低くなる。そこでこれらの原子と屈折率との関係を考える。

まずフッ素原子であるが，その代表的なポリマーであるポリテトラフルオロエチレン（PTFE）は屈折率が $1.35 \sim 1.38$ と小さい。このポリマーはCとHから構成されているポリエチレン（PE）のHをFで置換したものである。こ

の両者の分子容を比較すると，PE が 30.8，PTFE が 48 と後者が大きい。一方，原子屈折は H が 1.028，F が 0.81 とこれも F が小さい。つまり水素原子をフッ素原子で置換すると，C-F 結合が強いため分子屈折は低下し，分子容も増大するので，フッ素を含む典型的なポリマーである PTFE は屈折率がきわめて小さくなる。塩素，ヨウ素などのハロゲン原子を含むポリマーの代表としてポリ塩化ビニル（PVC）を取り上げる。その分子容は PVC で 57，原子屈折は塩素は 5.84，つまり水素原子を塩素原子に置き換えることによって分子容は増大するが，原子屈折は 6 倍近くもより高い値を示す。したがって，PVC は PE に比べて高い屈折率を有する。

　芳香族環の場合には原子屈折が水素のそれの約 20 倍ときわめて大きい。これは π 電子による分極率の増大に起因するものであり，この効果のために芳香族環を有するポリマー系は最も高い屈折率を示す。したがって，高屈折率の光学用ポリマーを分子設計するには，原理的には芳香族環（ジアミン類，アニリン類）と塩素，ヨウ素，臭素，硫黄，アミン類，などを巧みに組み合わせることが重要とされている。実用的なプラスチック PMMA を中心に，ナノ粒子などさまざまな物質を加えるなど工夫が進められており，屈折率が 1.7 を超え，さらに 1.9 を超えるポリマーも報告されている。

　有機エレクトロニクスにも高機能な光学材料が次々に取り込まれている。スマホの保護フィルムやカメラレンズ，眼鏡レンズ表面がその好例である。

章末問題 ///

❶ 平面電磁波が，誘電率 ε_1 透磁率 μ_1 の誘電体から，それらがある誘電体の境界面に垂直に入射したとき，反射波と透過波の振幅，および反射率，透過率を求めよう。図 8.1 を参考にして，平面電磁波において，入射波の電界の振幅を E，磁界の振幅を H，反射波の電界の振幅を E_1，磁界の振幅を H_1，透過波の電界の振幅を E_2，磁界の振幅を H_2 とするとき，E_1，E_2 を同方向にとると，反射波の進行方向が界面で逆になることから H_1 が逆方向になることを考え，電界および磁界に関する境界条件を書いてみよう。

❷ 平面電磁波が，誘電率 ε，透磁率 μ の媒質中を伝搬するとき，E_1，E_2 を E を用いて示してみよう。同様に H_1，H_2 をそれぞれ E_1，E_2 を用いて示してみよう。

❸ 電磁波のエネルギー U はつぎのように表記される。

$$U= \frac{1}{2}\left(\varepsilon E^2 + \mu H^2\right)$$

進行方向に垂直な平面の単位面積を通して単位時間に運ばれるエネルギーの大きさが一般的に

$$S=U\frac{1}{\sqrt{\varepsilon\mu}}=EH=\sqrt{\frac{\varepsilon}{\mu}}\,E^2$$

であることを用いて，エネルギーの反射率 r および透過率 t を，誘電率 ε_1，ε_2 透磁率 μ_1，μ_2 を用いて表記してみよう。ただし，単位時間に単位面積を通るエネルギーについて，「入射波の振幅に対する反射波と透過波の振幅の比」の2乗を，それぞれ反射率，透過率という。

❹ 空気に対する屈折率 1.5 のガラス面に空気中から垂直に入射するときの反射率と透過率を求めてみよう。

❺ もし n_1 がガラスで n_3 が空気であるとき，反射波がないようにするには n_2 の厚さ d と n_2 の値をどのようにとったらよいか。このことから，眼鏡や端末機器ディスプレイ表面に工夫されている反射光低減のための工夫について説明してみよう。

第 9 章 コーティング技術

　第1章，第2章では生物の表面をいろいろと見てきた。植物も動物も自己組織化によりわずかな水とエネルギーを活用して，生物がおかれた環境に適応して生存し，繁栄していく。われわれ人間も機能をもつ表面を物品に形成するとき，いろいろな工夫をしてきている。ここでは，産業界でポピュラーなコーティング技術を紹介する。

　生物も多層に被膜を形成するが，われわれ人間も多層膜をできる限りコストをかけずに形成する方法を考案し続け，また，活用し続けている。コーティング技術は，バイオミメティクスを取り込んでさらに進化し続けている。ここでは，おもに従来のコーティング技術の基本をまとめて学習する。コーティング技術は，人間の知恵の集大成でもあり，日々進化し続けている。

9.1　コーティング技術の利用

　コーティング技術はさまざまな分野に使用されており，われわれの生活に密着した重要な技術の1つである。コーティング技術の応用先としてよく目にする製品として，印刷に代表される製品の表示や意匠性向上，セロテープに代表される接着性の機能性付与，めっきなどによる鉄材料のさび止めなどがある。さらに，さまざまな機能性を組み合わせた製品としてシールがある。これは製品の表示を行う印刷によるコーティング技術，粘着材料をコーティングする技術，粘着剤が余計なところにつかないようにし，離型性（剥離性ともいう）を付与するため剥離剤のコーティング技術，の大きく3つのコーティング技術の複合品である。さらに，離型時に静電気が起きないように帯電防止材料をコートしたり，透明性を高めるために反射防止性能を付与したり，基材が汚れないように防汚性を付与したり，曇り防止に防曇性を付与したり，耐摩擦性を出す

ためにハードコート層を導入することもできる。被着体に合わせた粘着剤にするために粘着剤自身を多層コートにするなど，単なる接着させるためだけの製品ではなく，さまざまな機能が付与されることによって多くの機能を持った複合薄膜として使用されている（**図 9.1**）。

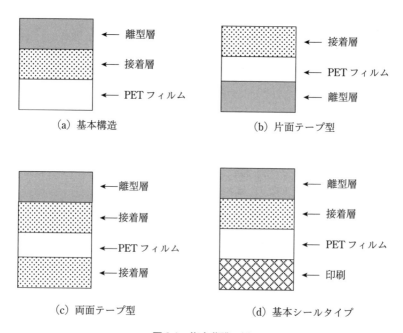

図 9.1　複合薄膜の例

　接着剤に着目すると，永久的に接着してしまう材料や簡単に剥がれてしまうようなイージーピール性を持ったものも存在し，その活躍の場所は食品包装だけではなく医療・医薬品にも使用されている。その接着剤には多くの添加剤が含まれており，永久接着を出すためには，コーティングした後に紫外線（ultra violet，UV）照射や熱処理などによる架橋反応を起こして，基材と接着剤・被着体を接着している。イージーピールは微粒子などを添加したり，架橋密度や分子量を低くしたりすることによって，その接着強度を低くかつ安定にしていることがポイントである。

9.1 コーティング技術の利用 97

また，アイロンプリントのように転写させるための接着剤や離型剤のコート，基材にホログラムなどを使用した特殊材料を使用することでの偽造防止や，剥離させたときに剥がした跡が残るようにする偽造防止技術などへも発展し，現在多くの分野で使用されている。

今後必要とされる技術として，微粒子へのコーティング技術がある。これは微粒子の高性能化もあるが，コア粒子を取り除くことでカプセルを作製し，その中に薬効成分を導入することによるドラッグデリバリーシステムなどへの応用が期待される。単純に微粒子の径を小さくすればするほど，表面積が大きくなることから，表面へ触媒などの機能性材料を固定化することによって，単位面積当りの触媒効率が大きくなることが期待され，小さくなおかつ高性能という素材が作製されていくと期待される。このように，コーティング技術は過去・現在においても重要な技術であり，将来的にも発展していく技術と考えられるため，新しいコーティング技術の開発は重要なテーマである。

コーティング技術はさまざまな形態のものへコートする技術であるが，その技術を大きく分けると以下の2つに大別される。

・ドライコーティング

・ウェットコーティング

それらのメリットとデメリットを**表 9.1** に示す。次節以降で，近年使用されている各コーティング技術について，その特徴など簡単に説明する。

表 9.1　ドライコーティングとウェットコーティング

プロセス	メリット	デメリット	例
ドライ	高機能デバイス	高価格	真空蒸着 スパッタリング
ウェット	低コスト 大面積製膜可能	高機能付与が容易でない	グラビアコート

9.2 ドライコーティング技術 [1)~3)]

ドライコーティング技術は真空蒸着法やスパッタリング法などに代表される手法であり，溶剤を使用せずに大気中もしくは減圧下でのコーティング技術である。原子や分子のオーダーで製膜されるため，ナノオーダーでの厚み制御が可能である。

これらの手法の代表的な技術の特徴を簡単に説明する。

9.2.1 真空蒸着法

真空蒸着法はおおよそ 10^{-2} Pa 以下の減圧下で金属や有機材料をるつぼに入れ，ヒーターなどの加熱によってそれらを蒸発させ，その蒸気を薄膜を成長させたい基板に当てることによって製膜する方法である。以下に特徴を箇条書きに述べる。

1) 膜は気相状態から凝固・堆積するために均一・均質となりやすい。
2) 膜は高真空中で形成されるため，不純物を含まない純粋なものとなる。
3) 膜堆積速度が大きいため大量・大面積の膜形成が可能である。
4) 膜形成過程が比較的単純であり，また蒸発源の制御を行いやすいため膜作製時に高い制御性が望める。

反射鏡や金属電極などに使用されるなど単純な機能のものから，電子部品，半導体材料光学用途の薄膜まで幅広く使用されている技術である。

9.2.2 スパッタリング法

イオンがターゲット物質の原子間結合エネルギー以上の運動エネルギーを与えられた場合，その物質の格子間原子が他の位置に押しやられて原子の表面移動が生じ，一種の表面損傷が起こる。イオン衝撃は，4H 以上のイオンエネルギーにおいては，イオン衝撃はターゲット物質からその原子をたたき出す。このような現象を物理スパッタリングと呼んでいる。この現象を利用したものが

スパッタリング法であり，つぎに箇条書きに述べるように種々のスパッタ方式がある。そのイメージを**図 9.2**に示す。

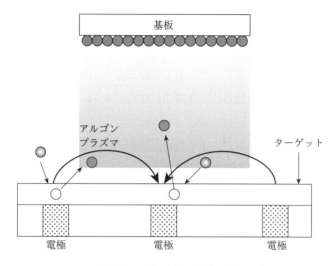

図 9.2　スパッタリング法のイメージ

(1) DC2極スパッタ方式（冷陰極異常グロー放電）
(2) RF2極スパッタ方式（高周波電圧による冷陰極異常グロー放電）
(3) 3極，4極スパッタ方式（熱電子によるプラズマ励起）
(4) ACスパッタ方式（交流による冷陰極間異常グロー放電）
(5) イオンビームスパッタ方式（イオン銃またはイオンシャワー）
(6) 直交電磁界放電を利用したスパッタ方式（直交電磁界による電子の螺旋状運動を特徴とする放電，プラズマ密度大）

(1)から(5)の方式は，補助的手段として磁界によりプラズマを収束し，スパッタリングの効率を高めることができる。これに対し，(6)は磁界が放電の特性を高めるうえで基本的な役割を果たしているので，このマグネトロンスパッタ法は薄膜の生産性が高く現在，最も多く使用されている。

スパッタリングの一般的な特徴として，つぎの点が挙げられる。
(a) 適切なスパッタ条件下で，合金・化合物のような複雑な組成のターゲッ

トを用いて同じ組成の膜が得られる。

(b) 膜厚制御が容易である。

(c) 被覆すべき物体の面積，形状に対する制約が少ない。

(d) 金属・合金・絶縁物の成膜速度に極端な差がないので，多層膜作製技術
としても有効である。

(e) 一般的に蒸発源であるターゲットの寿命が長い。

(f) 基板とターゲットの相対的位置関係に制約がなく，どのような方向にも
成膜できる。

(g) バイアススパッタリングにより膜質の制御ができる。

(h) 微小結晶で均一な膜を得ることができる。

(i) 反応ガスを用いることにより，酸化物，窒化物を簡単に得ることがで
きる。

(j) 基板入射スパッタ原子の運動エネルギーが高いので膜の基板への密着力
が大きい。

応用先としては，電子部品工業，太陽エネルギー利用，光学膜，機械的機能
膜，装飾，バリア膜などが挙げられるが，その中でも電子デバイスの製造分野
で最も広く利用されている。

9.2.3 イオンプレーティング法

イオンプレーティング法は **PVD**（physical vapor deposition）の一種であり，
グロー放電中で負にバイアスされた基板に対して行われる蒸着といえるが，膜
の析出前および析出の間に基板の表面がスパッタリングを受けるのに十分な高
エネルギーのイオン束の入射が行われるような状態下で進行する膜の生成プロ
セスである。

蒸着技術の1つと考えられるが，大きな特徴は基板に析出する粒子の持つエ
ネルギーが非常に大きいことで，通常の蒸着ではせいぜい $0.1 \sim 1.0\,\mathrm{eV}$，スパッ
タリングで数〜20数 eV であるのに対して，数 $10 \sim 1\,\mathrm{keV}$ に達する。

大きなエネルギーを持つ入射ガス分子により，基板表面はスパッタクリーニ

ングされるとともに基板表面温度が比較的高温になる。高エネルギーの析出粒子は，清浄かつ高温の基板面上で表面拡散移動度が大きく，結晶成長が促進され，付着力の強い清浄で緻密な良質膜が得られる。化成（反応性）蒸着を行う場合，活性ガスの反応性が大きくなり，化合物膜の生成が有利である。比較的高圧のガス雰囲気のため，蒸発分子が散乱され影の部分にも比較的均一に付着のよい膜が生成する。イオンプレーティングにより作製した薄膜は付着力が強く，機械的強度に優れ，影の部分にも付着することから，潤滑膜，表面保護膜，電気的接点，装飾などのほか，誘電体膜・半導体膜の作製などを検討されるようになってきている。

9.2.4　化学気相反応法

化学気相反応法は，**CVD**（chemical vapor deposition）と呼ばれるものであり，高真空中でターゲットを蒸発させ，それらを化学反応させながら，もしくは反応後，基材にコーティングされる技術である。この技術は，多くの半導体などの生産に使用される方法であり，反応雰囲気の状態によって，熱で反応エネルギーを与えるものは熱 CVD，放電したプラズマ中で反応エネルギーを与えるものはプラズマ CVD と呼ばれることもある。基本的に無機材料の製膜に使用される。近年は，多結晶シリコン薄膜形成技術の１つとして特に注目されており，フレキシブルで安価な半導体作製技術として期待されている。

9.2.5　分子線エピタキシー法

真空蒸着法は，古くから薄膜の形成法として実用化されている。しかし，この従来の手法では，薄膜化できる材料が単体元素あるいは簡単な化合物に限定されるといった欠点がある。最近は，広範囲の材料を精度よく薄膜化するための一例として**分子線エピタキシー法**がある。原理的には，従来の熱蒸着法であるが，人工超格子デバイスの作製に用いられた新しい技術である。この方法を簡単に述べると，構成元素のよく制御された超高真空中（10^{-7} Pa）の分子線を用いたエピタキシャル成長技術である。分子線を適当な温度に保たれた基板に

照射し，任意の組成の結晶成長が行える技術である。現在，半導体薄膜のエピタキシャル成長において有力な手法の1つである。

9.2.6　静電塗装

静電塗装は，静電気で粉体を飛ばして基材に付着させたあとで，熱により製膜する方法である。電界を発生させる必要があるために，基材は導電材料でなければならず，用途が限られる問題がある。用途としては，カーボン紙，サンドペーパーなどの製造のほか車体への塗装にも使用されている。

　以上の分類より，ドライコーティングは真空環境下での薄膜形成が中心であり，連続で広幅の物へのコーティングはコストがかかるために不向きであるが，半導体などに代表される微細でなおかつナノオーダーでの厚み制御された薄膜がバッチ式で形成可能な技術である。また，近年大気圧下でのコーティング技術も注目されており，特に**ダイアモンドライクカーボン**（diamond like carbon, DLC）コーティングは，真空蒸着などと比較して比較的大気圧に近い減圧下で酸素バリア性の膜が製膜できる技術であり，製缶業やPETボトルメーカーなどが注目している。さらに，減圧下ではなく大気圧でのコーティングは今後の大きな流れになると考えられる。

9.3　ウェットコーティング技術 [1]~[3]

　ウェットコーティング技術は，有機溶剤や水などの液体に溶解された樹脂や微粒子などの材料を，均一にコーティングする技術である。真空装置を使わずに，溶液を使うことから，低コストで大量生産に応用しやすく，近年注目され，普及が進んでいる。

　コーティング方式は，以下の3つのコーティングヘッドの基本要素から成り立っている。

・アプリケーション系：支持体へ塗工剤を転移させる
・計量系：塗工量を決定する

・平滑化系：塗膜表面を平滑化する

さらに，アプリケーション系あるいは計量系はつぎのように大別される。

1) 過剰アプリケーション系（後計量）：支持体に所望の塗工重量よりも余分に塗工しておいてから，あとで規定の塗工重量に減少させる。

2) 規定アプリケーション系（前計量）：支持体に塗工する以前に，あらかじめ所望の塗工重量になるように計量しておいた塗液を支持体に転移させる方法。

1）の例としては，ディップコート，スピンコート，エアドクタコート，ブレードコート，ロッドコート，ナイフコート，スクイーズコート，ファウンテンコート，含浸コートが挙げられる。

2）の例としては，リバースロールコート，トランスファーロールコート，グラビアコート，キスロールコート，キャストコート，スプレーコート，カーテンコート，カレンダコート，押出コート，LB 法などがある。

この中でよく使用される基本技術について，いくつか特徴を述べる。

9.3.1　ディップコート

ディップコートは，高粘度の溶液に基材を浸漬させ，それを引き上げることにより製膜する方法である。低粘度のものではきれいに製膜しないという問題もあるが，簡便であるためにディスプレイのハードコートや帯電防止剤のコーティング，サングラス用／眼鏡用レンズ，ルーペ，センサ用レンズ，携帯電話表示窓，携帯電話用／デジタルカメラ用バッジ，PDA 端末，小型モニター用カバー，カーオーディオ用表示窓，オーディオ製品用ボタンなどさまざまな分野で応用されている。厚みの制御が難しくばらつきが大きいため，精密な製品には使用されないといわれてきた。しかし，近年では，そのコーティング条件を調節することで精密なコーティングが実現され，薄膜塗装も可能となっており，反射防止膜の作製も行われている。そのほかに，有機色素増感太陽電池などへの応用として，透明電極基板として，ITO 基板の作製[4), 5)]や，ゾルゲル法による酸化チタン膜などの性膜が検討されており，簡単な工程を生かした生産工程

として利用されつつある。さらに，引き上げる速度をできるだけ遅くすること
などで，微粒子を規則的に配列させてフォトニック結晶を作製したり，超撥水
性を付与したりすることが報告されている。連続のディップコートとして布な
どの染色などもこの分類に含まれると考えられる。さらに，銅線などの表面被
覆にもこの方法は使用されている。しかし，フィルムなどの巻物の表面に精密
な厚みでコーティングすることは困難であると考えられ，ディップコート以外
の方法が用いられている。

9.3.2 スピンコート

スピンコートは，溶液を基材の上にたらし，基材を高速回転（標準的に
3 000 rpm 程度）することによって製膜する方法である。この方法は，ディッ
プコートと比較すると回転数によって厚み制御が可能であるが，厚みムラが発
生する。さらに，溶液のほとんどを回転によって飛ばしてしまうためにコスト
パフォーマンスが非常に悪いという問題点がある。スピンコートする樹脂の粘
性率，表面張力などの性質やスピンの回転数などのコーティグパラメータなど
が薄膜の性質を決定するうえでの重要な要素となる。応用例として，近年は光
ディスクのカバー層への適用が盛んになってきている。そのほかに従来からブ
ラウン管などのディスプレイのハードコートが行われている。

次世代光ディスクとして検討されている青紫レーザーを使用した光ディスク
のカバー層，最近では有機色素を記録層にスピンコートを使用することに成功
した例や光導波路への検討もされている。メソ孔を持つシリカ薄膜などのコー
ティング方法としても今後の注目すべき材料とコーティング方法であると考え
られる[6]。そのほかに，液晶製造装置の洗浄装置としてスピンコートを応用し
た方法が用いられている。

このようにさまざまな分野で応用されてきており，ディップコートと同様に
溶液のパラメーターやコーティング装置の最適化により，膜厚の均一性を向上
させた応用が進められており，今後技術動向に注目すべき技術である。しかし，
バッチ式であるためにフィルムのような巻物の連続・大面積の生産には適して

いないと考えられる。

9.3.3　グラビアコート

グラビアコートは印刷工程や幅広のフィルムを使用した高速加工で使用される。ロールに彫刻で微細な穴を開け，そこにコーティングする液体を入れて転写させる方法である。高速なものでは 600 m/min の速度でコーティングできる装置もある。μm オーダーで厚みの制御が可能であり，粘度が高いものから低いものまでさまざまな溶液でのコーティングが可能である。各粘度や溶液に合わせたコーティング装置が開発されている。

図 9.3（a）のダイレクトグラビアコーティングは，グラビアロールに直接フィルムなどのコーティング基材が接し，なおかつその搬送方向は基材と同じである。装置が簡素であり，印刷などのコーティングによく用いられている。図

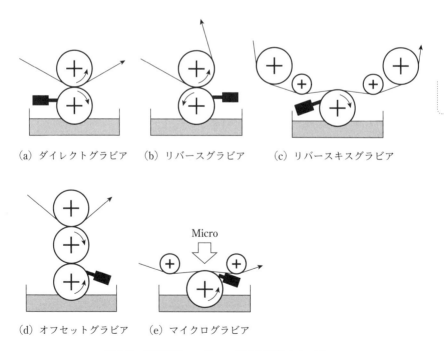

図 9.3　グラビアコーティング法の図解イメージ

（b）のリバースグラビアコートはグラビアロールがフィルムの搬送方向と逆に回転する。このことにより，フィルムとグラビアロールの間に液だまり（ビード）を安定して形成することで，安定に均一なコーティングが可能となる。図（c）のリバースキスグラビアコートは，フィルムをグラビアロールとバックロールで挟むダイレクトグラビアと比較するとバックロールのない工法である。このことにより，ビードが形成されやすくなり，安定して均一なコーティングが可能となる。図（d）のオフセットグラビアコートは，多数のロールを介することで塗工液の均一性をよくしたあとで基材へコーティングする方法である。図（e）のマイクログラビアコートは，グラビアロールの直径を大幅に小さくし，かつバックロールをなくすことで，ビードの形成を制御することができ，均一で極薄い薄膜の製膜が可能となったものである。

この工法のポイントは，グラビアロール表面のメッシュの形状や深さ，メッシュの数，フィルムとの接触方法やフィルム基材とのビードの形成の制御などを行いながら，コーティングしたい塗料に適した工法がほぼ確立されていることであるが，界面科学を活用した精密な工夫と改良が日々試みられている。

9.3.4　スロットオリフィスコート

スロットオリフィスコートは，前計量のカーテンコートと後計量のファウンテンコートに分けられる。

カーテンコートは，スロットオリフィスを通して塗工剤を重力もしくはポンプで落とし，塗工剤の連続皮膜を形成する方法である。スロットを多数用意することにより，同時に薄い多層をコートする場合は非常に有用であり，写真印画紙などでよく使用されている。

ファウンテンコートは，塗工剤を加圧によってスロットオリフィスを通して供給しながらウエブに直接塗工するものであり，大部分の場合に塗工剤を調節された量だけウエブに過剰に塗工し，最後の計量は独自な計量系で直接行う。近年，中粘度のもので厚み精度もよく広幅化が可能であることから，スロットダイを使用したファウンテンコート法がさまざまな分野で使用されてきている。

特にスピンコートが主流であった電気部品用のコート剤については，ダイコートでの技術が有効である（図 9.4）。

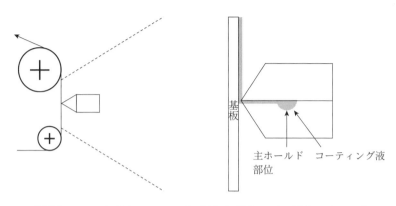

図 9.4 スロットオリフィスコート（左）とダイコート（右）のイメージ

この技術は，0.1 µm オーダーでの厚み制御が可能である。外観が重要なものやグラビアロールでは達成できない 10 µm 以上の厚い膜をコーティングすることが可能である。塗料のロスがほとんどなく有用なコーティング方法である。この方法は，ダイからの吐出量，吐出口のギャップの広さ，塗料の濃度・粘度などで膜を制御する。さらに，ストライプコートやパターンコートなども自由自在であり，特殊用途としてリチウム二次電池の極板，画像処理用の基材の表面処理，セラミック積層コンデンサ用の薄膜形成など，さまざまな分野で広く使用されている。

9.3.5　スプレーコート

スプレーコートは霧吹きの原理を利用したものであるが，コーティングヘッドはわれわれがホームセンターなどで購入できるムラになりやすいようなものだけではなく，非常に精密なコーティングができるものもある。霧を発生させるために圧力を使用したり，微細なメッシュを通したりしているが，半導体の洗浄工程やコーティング工程では超音波式スプレーコートも使用されている（**図 9.5**）。制御パラメータには，溶液濃度・粘度，吐出量，吐出時間，コーティン

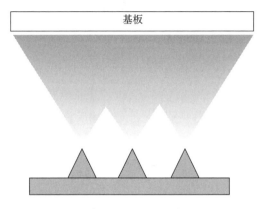

図 9.5 スプレーコート法の図解イメージ

グ距離などがあり，空気などの外的要因もポイントとなる。

応用としては，車などに使用する鋼板への色付け，壁などへの接着剤のコーティング・耐火性・結露防止，木目調材料への光沢付与・ハードコート・超親水性付与，ゴーグルなどへの防汚性，撥水性，バイオメディカル関連や抗菌材料などのコーティングなども実施されている。大きな問題点として，コーティングヘッドへの塗料の固化による目詰まりがあるが，メンテナンスなどをしっかりすることで十分対応できると考えられる。

9.3.6 ビードコート

ビードコートはコーティング溶液を毛細管現象で基材に付着させる技術であり，0.1 μm オーダーでの精密コーティングが可能である。毛細管現象を使用しているために液の供給が追いつかず，20 m/min までしか速度が出せないという問題があるが，精密なコーティングができる可能性があることで注目を集めている。図 9.6 のような構造をしているため，ダイコートのように必要量だけのコーティングがされるために均一なコーティングが行われる。ただし，溶液の粘度などの制約事項が多いことが問題である。しかし，必要量だけをコーティングに使用できるというメリットがあるため，レジスト材料や液晶用カラーフィルタ，有機 EL などのコーティングに使用されている。

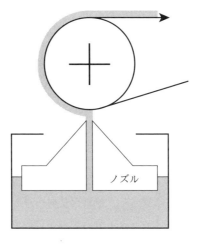

図 9.6　ビードコートの図解イメージ

9.3.7　メッキ技術

メッキ技術は 2000 年以上前から存在する表面改質やコーティング技術である。電解を印加してメッキする電解メッキと電解を使用せず化学反応のみによってメッキされる無電解メッキの 2 種類がある。電解メッキは，導電性の基材を使用し，表面電気化学反応によってコーティングされる。厚みの制御は浸漬時間や電流，溶液中の反応物の量によってコントロールができる。無電解メッキは導電性の基材の必要はなく，表面に活性種が存在していれば化学反応によってコーティングされる。メッキ技術は大変発展した技術であり，さまざまな分野で実用化されている。装飾，光沢度，色調，模様，防錆，耐摩耗性，硬度，潤滑性，寸法精度，肉盛性，型離れ性，低摩擦係数，二次加工性，電導性，高周波特性，磁性，低接触抵抗，抵抗特性，反射防止性，光選択吸収性，光反射性，耐候性，耐熱性，熱反射性，半田付け性，ボンディング性，多孔性，非粘着性，接着性，耐薬品性，汚染防止，抗菌性，耐刷力，海水腐食防止，電気絶縁性など，またそれらを組み合わせるために多層化したりするなど，じつに多種多様な物性を付与することが可能となる。

110

大きな問題点として廃液の問題があるが，近年，超臨界プレーティングが注目を集めている[7)~13)]。超高圧状態化で CO_2 などを液状化し，それを溶剤として使用することでニッケルなどのメッキを行う方法である。成型品でもムラなくコーティングすることができ，廃液となる溶液は常圧に戻すと CO_2 となるため，廃液のない新しいメッキ方法として注目に値する技術であると考えられる。

9.3.8 LB法

LB（Langmuir-Blodgett）**法**は，ナノコーティング方法の代表例である。両親媒性の材料を水面にきれいに並べて，それを基材へ写し取る方法である。単分子膜ができるため，厚みは分子レベルでの制御が可能である。水面の面積と並べた分子の圧力との関係は π-A 曲線と呼ばれ，分子レベルでの制御が精密にできることを示す。しかし，単分子状態では不安定なため二分子膜の状態で存在しやすい。基材に写し取るときに力をかけたり，熱をかけたりすることによって新しい構造を作ることができるために，機能性発現のための分子デバイスなどへの応用が期待される技術である。

ウェットコーティングの大きな特徴は，広幅でなおかつ連続で加工ができることである。LB法はバッチ式が主流であるがフィルムを使用した連続装置も考案されており，その実用化が待たれる。

以上，さまざまなウェットコーティングを述べてきたが，ディップコート /スピンコート /グラビアコート /スロットオリフィスコート /スプレーコートは μm オーダーでの厚み制御が可能であり，nm オーダーのコーティング方法としてはビードコート，メッキ技術，LB法が有効である。しかし，ビードコート，メッキ技術は自己組織化という観点から，自己組織化をさせるための技術，例えば基材表面を特異的な形状もしくは，化学結合状態として特異的な材料が反応するようにするなど，コートする材料を自己組織化するものにして基材に何かしらの工夫や機能性を付与しなければ，自己組織化は困難である。

9.4 次世代コーティング技術

今後のコーティング技術に求められる条件としては，以下の点が考えられる。

1. 精密なコーティングができる。
2. マイルドな環境でコーティングができる。
3. 環境負荷の少ないコーティング技術。

1番目は，光学薄膜や光導波路，半導体製造用のドライフィルムやマスクコート，電子回路のパターンニングなど，平面的にも精密であり厚み方向にもばらつきが少なく均一なコーティングが必要とされている。

2番目は，DNAや酵素，微生物など生体材料固定化のためにマイルドな条件，具体的には常温常圧，生物などが死活しない環境でのコーティングが必要とされている。さらに，近年騒がれている揮発性有機化合物の飛散による大気汚染防止という意味で，有機溶剤を使用しない方向へ世の中は進んでいる。現在は，大量で安価な連続生産を行う場合，有機溶剤を回収したり燃焼させたりして大気中への直接の放出量を制御してはいるものの，熱エネルギーを利用するため環境負荷の高い状態での製造を行っており，早急な対応が迫られている。

このことからも，3番目の環境負荷の少ないコーティングが望まれており，溶剤を使用するとしたら，具体的に水もしくはアルコール系の溶剤を使用することが望まれている。また，エマルジョン系のコーティング材料も多数出てきているが，溶剤系の塗料と比較すると性能が大きく劣ってしまうものも少なくなく，実用的には揮発性有機溶剤を使用せざるを得ない状況が続いている。このような現状を踏まえると，次世代の薄膜コーティング技術では，以下を実現できる方法の開発が必要である。

1. nmオーダーでの厚みの制御が可能
2. 精密コーティング（ナノコーティング）が可能
3. 純度の高いコーティングが可能
4. 幅広のコーティングが可能

112

5. 連続での生産が可能

6. 自己組織化により，機能性が付与されるコーティング材料およびその方法

7. 常温常圧でのコーティング方法

8. 環境負荷の低いコーティング方法

上記4番以降が特にウェットコーティングに期待されている。これらの条件を満たすコーティング方法の1つに，常温常圧下で水を溶媒としたウェットナノコーティング技術である交互吸着法が注目されている。詳細は次節で説明する。

9.5 交互吸着法

交互吸着（layer by layer，LBL）法は，1992年にデッヒャー（Decher）らによって報告された高分子電解質を用いたナノコーティグ方法で，比較的新しい方法である[14]。この報告以前の高分子材料が基板などへ吸着する原理などについて述べてから，交互吸着法の説明を行う。

9.5.1 交互吸着法の原理

交互吸着法には，おもに高分子電解質が使用される。高分子電解質には強電解質および弱電解質がある。それら以外に金属微粒子や金属酸化物微粒子，金属酸化物前駆体などとの組合せも存在する。

デッヒャーらの報告[14]では，アニオンおよびカチオンの高分子電解質を使用し，それを交互に基板に吸着させることによって薄膜が形成されるというものであった。高分子電解質には強電解質が使用されており，膜の厚みが非常に薄くなっているという点が注目されるべきところである。この模式を**図9.7**に示す。表面をきれいに洗浄された基板は，通常，水酸基もしくは，カルボニル基，もしくはカルボキシル基の酸素官能基を多く持つ。ガラス基板やシリコンウエハなどは，水酸基を多く保有している。ガラス基板上の水酸基は接する水溶液のpHによってその構造が変化し，OH^-となることがある。この現象を利用して，マイナスに帯電した基板をカチオンの水溶液に浸漬することによって，第

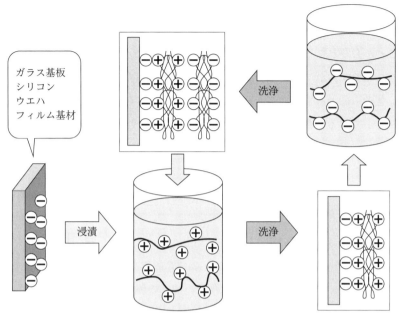

図 9.7 交互吸着法の原理

一層目の製膜が可能となる。

　さらに高分子材料は多数の解離した側鎖を持つため，吸着したカチオン分子の表面には分子の持つプラスの電荷を帯びた状態になる。このことから，第一層目が製膜された後は基板と逆の表面電荷を帯びた状態になることがわかる。そのため，第二層目には第一層目と異なる電荷を持つアニオン分子を吸着できることになる。第二層目を製膜した後は，第一層目と同様にアニオン分子の官能基が表面に出てくるために，表面には第一層目と逆の表面電荷を持つ状態になることがわかる。これらを繰り返すことによって薄膜の成長が行われる。

　カチオンやアニオンを単純に吸着させるだけではきれいな薄膜が得られない。これは吸着過程において，イオン吸着を行うものと物理吸着を行うものが存在しているためと考えられる。物理吸着をしている分子が多いとアニオンとカチオンの凝集体が形成されやすく白濁してしまう。このことから物理吸着を取り

除き，イオン吸着のみ存在させる状態を形成させることが必要となる。そのために，カチオンやアニオンを吸着させた直後に，使用している溶剤で洗浄をすることが必要となる。洗浄を実施することにより余分な分子が取り除かれ，よりきれいでなおかつ強固なイオン結合を持った薄膜の形成が可能となる。その後，著者らによって弱電解質を用いることによりさらに厚みを大きく変化させることができると報告された [15), 16)]。このことは，強電解質へ塩を入れる方法ではなく，弱電解質を溶解させた水溶液の pH を変化させることによって，その解離度を変化させ分子構造を制御し，その構造を保持した状態で膜を作製できるという点で非常に有効である。弱電解質を使用する場合，平滑な薄膜構造や凹凸構造を形成することが知られている。

交互吸着膜は分子間の相互作用を利用したものである。その相互作用には，4 種類が考えられ，**表 9.2** に示す。(1) の強電解質を使用したイオン結合では，厚みが分子オーダー程度の薄い膜になる。(2) の弱電解質の場合は，イオン結合を利用しているが分子オーダー以上の比較的厚い膜が得られ，特異的な吸着であるといわれている [17)]。(3) は，イオン結合であるが，いわゆる水素結合が使用されている。(4) は，LBL 法の中でも特殊であり，アビジン - ビオチン（avidin-biotin）のような特異的な相互作用を利用する方法であり，厚みは分子オーダーの薄さになる [18)]。

表 9.2　交互吸着膜形成における相互作用

	材料	吸着メカニズム	層の厚さ
(1)	強電解質高分子	静電気力	分子レベル
(2)	弱電解質高分子	静電気力	分子レベルの 10 〜 100倍
(3)	結合する材料	水素結合，イオン結合	結合により変化
(4)	特定の相互作用	アビジン・ビオチン相互作用（タンパク質，ビタミン間の特異な相互作用）など	分子レベル

9.5.2 交互吸着法の報告例

　交互吸着法については多数の文献で報告されている。基本的な構造などに関しては，デッヒャーによる報告[19]やウルマン（Ulman）らの成書[20]などがある[21],[22]。それ以外に，水晶振動子マイクロバランス法による検討[23],[24]，X線回折やエリプソメトリー，原子間力顕微鏡などによる厚みの測定[25]，構造に関しては，Satijaらによって電子線反射[26]やデッヒャーらによってX線小角散乱[27]による検討が報告されている。電気光学効果[28]～[30]などの非線形光学効果，表面プラズモン共鳴[31]，接触角[32]，サイクリックボルタンメトリー[33]，X線光電子分光[34]などさまざまな評価がされており，LBLの可能性について言及されている。特に電気光学効果については，今後の光ファイバーなどの光を利用した通信に利用されると考えられ，注目すべき技術である。そのほかに応用として光デバイスへの適用[35]～[43]や，交互吸着法で作成したセンサ[44]やフィルタ[45]，さらにバイオアプリケーションを意識した検討[46]～[49]が実施されている。

　交互吸着法をその他の技術との組合せによって新しいデバイスの可能性について検討もされている。例えば，ゾルゲル法との組合せによって光デバイスを作成したり[50]，チタニア薄膜の新しい作成方法[51]について検討していたりする。ナノファイバーをとの組合せでバイオセンサへの応用[52]が報告されている。近年増えてきているのが，ナノ微粒子に関する報告である[53]～[62]。これらは微粒子をコアとして，シェルとして交互吸着膜を吸着させて，あとでコアを取り除くことによってナノカプセルを作製している。これは，ドラッグデリバリーシステム（drug delivery system，DDS）などへの応用が期待される。特に弱電解質を用いた場合は，周囲のpH変化により交互吸着膜の構造が変化するので有効であると考えられる。金属酸化物の前駆体を用いた交互吸着では，金属酸化物と高分子のコンプレックス膜の新しい作製方法として注目される[63],[64]。これらの現象は，薄膜が形成されているにもかかわらず薄膜中で化学反応が起きることを示唆しており，将来的には薄膜中でのコンビナトリアルケミストリーなる化学反応工場（プラント）になる可能性も秘めている。

明石（Akashi）らは，ポリメチルメタアクリレート（PMMA）などの高分子電解質ではない材料でも交互に吸着することを見出した[65]。応用として，高分子の高次構造を制御できる可能性があり，触媒などを使用する高次構造制御以外の新しい方法として応用が期待される。

交互吸着の製膜状態は物質の吸着に依存しており，通常吸着が飽和に達した後，イオン吸着と物理吸着している高分子の物理吸着部分を洗浄によって取り除き，イオン吸着のみを膜として残す方法が取られている。しかし，このような飽和吸着に達するように十分な時間吸着させた場合，交互吸着で多層化するとその膜界面が非常に汚く，フラットではない状態になるという問題点がある。この方法を改善するために，できるだけ過剰吸着をさせないようにして，吸着量の制御を行う方法が報告されている[66]。これは水晶振動子を使用した方法であり，水晶の持つ共振周波数に着目し，交互吸着で使用する高分子電解質を水晶振動子の表面に吸着させて，その共振周波数変化を読み取る方法である。この方法を使用すると，約 1Hz の変化で 0.1 ng の材料が吸着していることとなり，周波数変化がある一定の数値になったときにつぎの工程に移る時間制御ではなく，質量制御を行うことによってフラットで均一な多層膜形成が可能となる。

さらに，交互吸着法は高分子電解質だけの組合せだけではなく，有機低分子材料，無機材料も使用することが可能であり，その材料間の相互作用はイオン結合だけではなく，水素結合，分子間力，表面化学反応などさまざまな相互作用を利用することが可能である。中でも，表面化学反応は，有機・無機複合体や共有結合を作製することによる強い薄膜の形成が可能であると考えられる。

これらの応用例を考えると，交互吸着法は水系でのコーティング技術であり，nm オーダーでの厚み制御ができるという点から，次世代のコーティング技術として非常に有効である可能性が示唆され，今後ますますの発展が期待できる技術であると思われる。

9.5.3 光学薄膜作製技術としての交互吸着法

ディスプレイなどの表示素子で多くの方が経験されていることに，蛍光灯な

どの反射によって画像が見にくいという現象がある。

この現象の解決策としてさまざまなアイディアがあるが，光干渉により多層薄膜の各界面での反射光をたがいに干渉させて，見かけ上で反射光をゼロにする手法がある。この方法は，透過率を上げることもできるために非常に有用であり製品としては**反射防止膜**（anti reflection film）として開発されている[67), 68)]。

電磁気学に基づく光学原理は第8章でも説明したが，**図9.8**に示すように，一番簡単な構成である基材の上に，一層コートされた反射防止膜で原理を説明する。

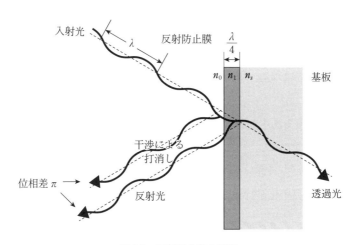

図9.8 反射防止膜の原理

入射光は，各界面で反射するが，最表面で反射した光と，基材とコート層の界面で反射した光の位相を180°ずらすことで，光干渉し反射光の絶対値が0に近づくという方法である。この関係が成り立つ条件は，λ を光の波長，n をコートした薄膜の波長 λ での屈折率，d をコート層の厚みとすると式（9.1）のようになる。

$$\frac{\lambda}{4} = nd \tag{9.1}$$

この関係式より，波長は nm オーダーであるため，厚みを nm オーダーで制

御できなければならない。つまり，nm オーダーで厚み制御のできる薄膜コーティング技術が必要である。交互吸着法はナノオーダーで厚みの制御が可能であることから，光学薄膜を作製する技術として有用であると考えられる。

　以上の背景から，次世代のコーティング技術としてドライプロセスの膜厚制御性やウェットプロセスの大面積・連続コーティング[69]技術の両方を持ち，常温常圧下でのコーティングが可能である。交互吸着法[70], [71]は，以下のメリットがある。

・常温常圧下で使用可能
・ナノオーダーでの膜厚制御が可能
・ウェットプロセスなので大面積化が可能
・水を溶媒とするため環境負荷が低い
・高分子だけではなく，低分子，金属材料，微粒子など幅広いコーティングが可能
・自己組織化膜であるために，精密なコーティングが可能
・自己組織化膜であるために，純度の高いコーティングが可能

　この方法を用いて，コンタクトレンズへのコーティングやディスプレイの反射防止膜などの実用化が行われている。

章末問題

❶ 紹介した薄膜の作製方法について　それぞれの薄膜形成原理を考えてみよう。

❷ 反射防止膜と増反射膜はどのようなところに使用されているか考えてみよう。

❸ ドライコーティングとウェットコーティングの長所，短所を比較説明してみよう。また，後者にどのような展開が期待されているか考えてみよう。

第10章 有機薄膜太陽電池

　地球には膨大な太陽エネルギーが注いでいる。自然界での植物の光合成における太陽光からのエネルギー変換効率に関しては諸説あるが，30％以上とも，80％以上ともいわれてきている。植物は光合成によりそのエネルギーを活用しているが，人類は植物ほど太陽光の活用がまだできていない。いずれにしろ，人類は植物の光合成の効率を目指し，努力を続けてきている。太陽電池の研究開発の歴史は，エネルギー変換効率上昇に向けた戦いであるといっても過言ではない。

　すでに実用化が進む無機半導体を活用した太陽電池は，光起電力効果を利用し太陽光エネルギーを直接電力に変換する電力機器として普及している。太陽電池の歴史は古く，その原理は1839年に発見され，1884年には最初の太陽電池が発電に成功している。現在，最も普及している太陽電池は単結晶シリコン型や多結晶シリコン型，アモルファスシリコン型と呼ばれるシリコンを使った太陽電池で，電卓や腕時計・道路標識・街路灯・人工衛星・宇宙ステーションなどに使われている。そして，次世代の太陽電池として開発段階にあるのが有機系太陽電池である。有機系太陽電池は，低コストに加えて少ない光でも発電できること，さらに，軽量で設置場所の制約が少ないために期待が大きい。有機系太陽電池には，「色素増感太陽電池」と「有機薄膜太陽電池」があるが，本章では特に近年の進展が大きく，将来の発展が期待されている有機薄膜太陽電池に関して説明する。

10.1　有機薄膜太陽電池の原理

　有機薄膜太陽電池は，基本的には光吸収により励起され電子を与える有機材料（p型半導体材料）とp型半導体材料との界面・接合面から電子を受け取る有機材料（n型半導体材料）の接合により形成されるpn接合型太陽電池である。発電原理を**図10.1**に示す。

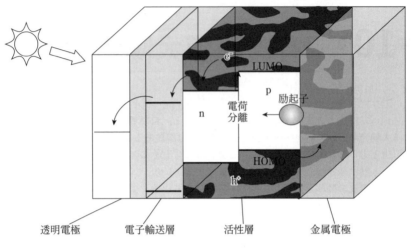

図 10.1　発電の原理

1. 太陽光が透明電極を通じて照射される。
2. 光吸収することによって p 型半導体が励起され，励起子が生成される。
3. 励起子が p 型半導体内を拡散し pn 界面に移動（界面に達しなかった励起子は再結合）する。
4. pn 界面で励起子が電荷分離し，電子が励起される。
5. 電荷分離により生成した電子はエネルギー準位に従って n 型半導体内を移動し透明電極へ，正孔は p 型半導体内を移動し金属電極へ流れる。
6. 外部回路により電極として取り出す。

10.2　有機薄膜太陽電池の構造

有機薄膜太陽電池の構造はノーマル型，逆型に分類される（**図 10.2**）。

ノーマル型と逆型は階段上のエネルギー準位が逆であり，そのため電子の移動方向が異なる。ノーマル型は透明電極，正孔輸送層，活性層，電子輸送層，金属電極という構造をとる。正孔輸送層に PEDOT：PSS，V_2O_5，MoO_3，電子輸送層として LiF や n 型半導体の TiO_2 などを用いる。また，金属電極として仕

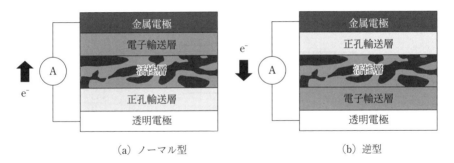

図 10.2　有機薄膜太陽電池の構造

事関数の低い Al や Ca を用いる。

それに対し，逆型は正孔輸送層と電子輸送層の配置が逆であり，金属電極に非腐食性金属である Ag や Au を用いている。そのため逆型は電極の腐食を抑えられるため，劣化性に強い[1]。また空気の侵入も抑えられ活性層の劣化も防ぐことができるという報告もある[2]。

10.3　有機半導体活性層

有機薄膜太陽電池の発電に直接的に寄与する層が有機半導体活性層である。ここでは無機半導体，有機半導体について説明する

10.3.1　半導体

固体は，原子やイオンが規則正しく並んだ結晶であることがほとんどであり，結晶の中ではそれぞれの原子の中にあった電子の一部はもとの原子の近くだけではなく結晶全体に広がって存在する。原子や分子の電子エネルギー準位は本来とびとびの値をとるが，これを結晶状態にすると，図 10.3 のように 1 つの原子の電子エネルギーの準位が別の原子によって影響を受けてエネルギーの幅を持ったバンドを形成する。

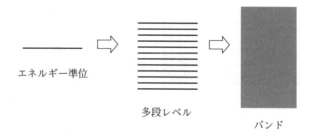

図 10.3 バンドの形成

　また，バンドとバンドの間には電子がそのエネルギーを持つことができない領域であるバンドギャップが存在する。このバンドの中で最大のエネルギーを持つ電子の入っているものを価電子帯，価電子帯よりも1つ準位の高い電子が空のバンドを伝導帯と呼ぶ。金属などでは，価電子帯中に電子が一部のみ存在するため，電子はこのバンド中を自由に動くことができる。すなわち導体となる。一方価電子帯に最大数の電子が詰まっている場合，電子は移動することができない。そのためほとんど電気伝導性がない。このような物質を絶縁体と呼ぶ。しかし，絶縁体の中でも伝導帯とのバンドギャップが非常に狭い場合は熱エネルギーにより価電子帯中の電子が伝導帯へと励起され，電流がある程度流れる。このような固体が半導体である（図 10.4）。

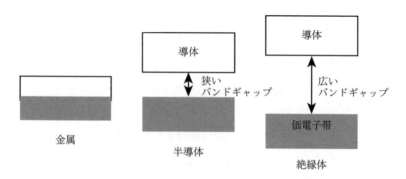

図 10.4　金属，半導体，絶縁体のエネルギーレベル

半導体の励起は熱エネルギーに限らず，光や電気などバンドギャップに相当するエネルギーを持つものなら可能である。

10.3.2 有機半導体と活性層 [3]

有機半導体は無機のバンド構造と考え方が少し異なる。有機半導体中で伝導する電子は共役 π 電子である。この共役 π 電子は，図 **10.5** に示すように C 原子の単結合，二重結合が交互に存在する分子中に存在する。二重結合を持つ C 原子は sp^2 混成軌道をとり，たがいによる強い σ 結合と残りの p$_z$ 軌道どうしが π 結合という結合によって二重結合を形成している。π 結合は電子雲が分子面の上下でかぶっているため，弱い相互作用を示す。このため分子が重なり合うことにより，ある特定の C 原子の π 電子が分子全体にわたり移動可能となる。また分子が重なり合うことで結合性軌道どうし，反結合性軌道どうしがバンドのようなものを形成する。一番内側の π 結合性軌道を **LUMO**（最低空準位，lowest unoccupied molecular orbital），π 反結合性軌道を **HOMO**（最高被占準位，highest occupied molecular orbital）と呼ぶ。無機半導体では伝導帯と価電子帯の準位差がバンドギャップであったが，有機半導体でのバンドギャップは HOMO と LUMO の差がバンドギャップに相当する。

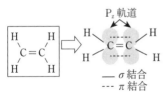 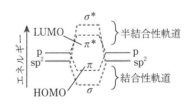

(a) エチレン（C$_2$H$_4$）の σ 結合と π 結合　　(b) 有機分子のバンド構造

図 10.5　有機半導体でのバンド構造の考え方

無機分子は結合が規則正しく無限に広がっている。しかし有機半導体分子は多くの場合ファンデルワールス力で弱く凝集して，分子性固体を形成しているため，分子ごとに結合が切れている。そのため分子どうしの間にエネルギー障壁がある。価電子準位の波動関数は固体中で広がってはおらず，個々の分子中

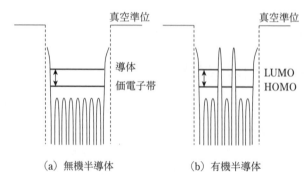

図 10.6　無機半導体と有機半導体のバンド比較

に局在化しているため，キャリア移動度が小さい（**図 10.6**）。

このように有機半導体は結晶構造が不規則であるため，有機半導体中の電子の伝導は外部電界を駆動力として電子が準位間をホッピング移動することにより起こると考えられている。局在化された準位間を格子振動によるエネルギーを受け取った電子がホッピングして移動し，温度の上昇とともに移動度が増加する（**図 10.7**）。

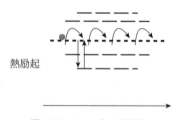

図 10.7　ホッピング移動

有機薄膜太陽電池の活性層は 2 種類の有機半導体からなり，無機系太陽電池と同様に，正孔をキャリアとして伝導する p 型半導体と，電子をキャリアとして伝導する n 型半導体とで構成されている。有機薄膜太陽電池で用いられる代表的な有機半導体材料を**図 10.8** に示す。

10.3 有機半導体活性層　125

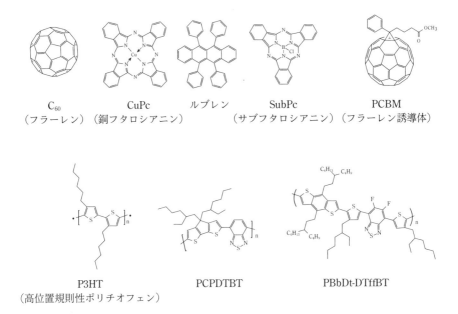

図 10.8　有機半導体材料

ドナー層とアクセプター層の接合を大まかに分類すると，ドナー層とアクセプター層で組み合わせるヘテロ接合型と，ドナーとアクセプターを一層に混ぜ合わせるバルクヘテロ接合型がある。ヘテロ接合型は**図 10.9**のようにp型半導体として働く導電性ポリマーとn型半導体との半導体界面が2次元的である。

 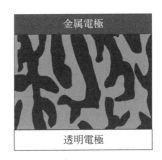

(a) ヘテロ接合　　　　(b) バルクヘテロ接合

図 10.9　ドナー層とアクセプター層の接合

このため大きな pn 界面を得られないため、電荷分離界面が大きくなりにくい。しかし、p 型、n 型ともに電極への直接的な経路を持っているため、電荷輸送効率は高いといえる。アクセプター層としては電子移動度が高く、内部抵抗の少ない材料が用いられる。

バルクヘテロ接合型は有機ポリマー層に p 型ポリマーと n 型アクセプターを混合させ、3 次元的な界面を作る。すると活性層（混合層）内では、ヘテロ接合型に比べ、ドナー／アクセプター界面への距離が短いため、大きな pn 接合界面が得られ、電荷分離の効率向上につながる。しかし、電極への直接的な経路を持たないことから、電荷輸送経路が複雑となり、ドナー分子、アクセプター分子がそれぞれ電子、正孔のトラップサイトとなるので、ヘテロ接合型に比べると電荷輸送効率は低下する。そのため、バルクヘテロ接合におけるミクロ相分離条件の制御は必要である。

10.3.3 太陽電池特性

pn 接合型太陽電池の等価回路を図 10.10 に示す。各部分の界面の抵抗を直流抵抗 R_s、電子の再結合の漏れ電流を決定する並列抵抗を R_{sh} と仮定する。

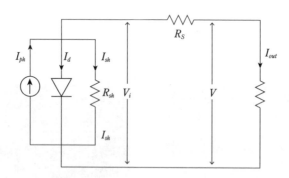

図 10.10　pn 接合型太陽電池の等価回路

このモデルは定電流源からの電流を I_{ph}、ダイオードの理想因子を n、ダイオードの両端の電圧を V_i、外部回路にかかる電圧を V とする。

まず、外部回路を流れる電流は

$$I_{out} = I_{ph} - I_d - I_{sh} \tag{10.1}$$

と表せる。ここで，I_d：ダイオードの順方向電流，I_{sh}：漏れ電流である。

また，I_d はダイオードにかかる電圧 V_i を用いて

$$I_d = I_0 \left[\exp\left(\frac{qV_i}{nkT}\right) - 1 \right] \tag{10.2}$$

と表せる。ここで，I_0：逆方向の飽和電流，q：素電荷，k：ボルツマン定数，T：絶対温度である。

漏れ電流 I_{sh} は以下のように表せる。

$$I_{sh} = \frac{V_i}{R_{sh}} \tag{10.3}$$

また，ダイオードにかかる電圧 V_i は外部回路にかかる電圧と直列の抵抗成分にかかる負荷電圧の和で表されるので，以下のように表せる。

$$V_i = V + I_{out} R_s \tag{10.4}$$

以上，式 (10.1) に式 (10.2)，(10.3) を代入し V_i を式 (10.4) によって消去すると，以下のようになる。

$$I_{out} = I_{ph} - I_0 \left[\exp\frac{q}{nkT}(V + I_{out}R_s) - 1 \right] - \frac{V + I_{out}R_s}{R_{sh}} \tag{10.5}$$

式 (10.5) が太陽電池の $I\text{-}V$ 特性曲線を表す式となり，$I\text{-}V$ は**図 10.11** のような挙動をとる。

同図において I_{SC} は**短絡電流**（short circuit photo-current）V_{OC} は**開放電圧**（open circuit voltage），I_p，V_p はそれぞれ電力の値が最大となるときの電流値と電圧値である。$P\text{-}V$ 特性曲線は電圧と電力との関係を示す。

もし，色素増感太陽電池が理想的な状態である漏れ電流なし，すなわち漏れ電流抵抗 $R_{sh} = \infty$，各界面での抵抗 $R_s = 0$ と仮定すると，式 (10.5) は

$$I_{out} = I_{ph} - I_0 \left[\exp\frac{q}{nkT}V - 1 \right] \tag{10.6}$$

となり，$V = 0$ のとき短絡電流は

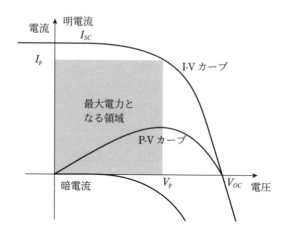

図 10.11 *I-V* 特性曲線

$$I_{SC} = I_{ph} \tag{10.7}$$

のとき開放電圧は

$$V_{OC} = \frac{nkT}{q} \ln\left(\frac{I_{ph}}{I_0} + 1\right) \tag{10.8}$$

となる。

太陽電池の光電変換効率の測定は，擬似太陽光 AM 1.5，100 mW/cm² の基準光を使用して行われる。ここで，AM（エアマス，Air Mass）は太陽光が通過した大気量を表す単位であり，標高ゼロ地点，標準気圧時に太陽光が入射したときを基準の1としている。疑似太陽光のスペクトル分布を**図 10.12**[4] に示す。

この基準光で測定したとき，有効受光面積を S，入射光のエネルギー密度を P_{in} とすると太陽電池の光電変換効率 η は次式で表される。

$$\eta(\%) = \frac{I_p V_p}{P_{in} S} \times 100 = \frac{I_{SC} V_{OC} FF}{100 \left[\frac{mW}{cm^2}\right]} \times 100$$
$$= I_{SC} \left[\frac{mW}{cm^2}\right] V_{OC} (V) FF \tag{10.9}$$

ただし

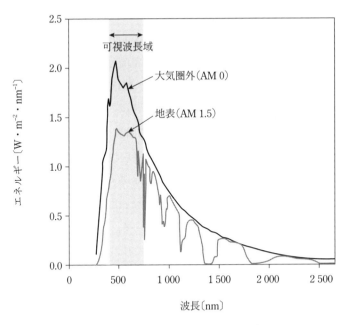

図 10.12 疑似太陽光のスペクトル分布

$$FF = \frac{I_p V_p}{I_{SC} V_{OC}} \qquad (10.10)$$

であり，$I_p V_p$ と $I_{SC} V_{OC}$ の比の値である **FF**（fill factor）は**曲線因子**と呼ばれ，太陽電池の性能を表す指標の1つとされている。すなわち，太陽から取り出せる最大の電力はこの FF が1に近いほど多く取り出せることになる。

10.4 最近の研究動向 [5]

10.4.1 低バンドギャップポリマーへの取組み

P3HT は HOMO-LUMO 準位間のエネルギー差（バンドギャップ E_g）が 1.9 eV であり，650 nm 以下の波長しか吸収することができない。光電変換に利用可能な光子数を増やし，短絡電流を向上させるためにも，E_g が小さく太陽光スペク

トルとの整合性が高いローバンドギャップポリマーの開発が近年盛んである。有機薄膜太陽電池の開放電圧はドナーの HOMO 準位とアクセプターの LUMO 準位の差に比例すると考えられており，短絡電流と開放電圧がともに高い有機薄膜太陽電池を得るためには，HOMO 準位と LUMO 準位をチューニングする必要がある。

ローバンドギャップ化のために電子豊富な芳香族ユニット（D）と電子欠乏性の芳香族ユニット（A）を交互に共重合して得られる D-A 型ポリマーが多数開発されている[6)～8)]。また，ホール輸送能を高めるために強固な π-π スタッキングが期待できる平面性の高いユニットをポリマー主鎖骨格に組み込むことで分子鎖を高密度にパッキングするアプローチもある。平面性の高い D ユニットとして，5 つの芳香環を縮環したインダセノジチオフェン（indacenodithiophene, IDT）を用いたバンドギャップポリマーが数件報告されている[9), 10)]。

10.4.2　光吸収領域の長波長化への取組み

長波長領域の光吸収を示す有機材料の開発も盛んに行われている。植物が光合成の際に利用しているポルフィリン，そのメソ位炭素を窒素に置き換えたフタロシアニンは有名な長波長吸収低分子である。ここから派生したポルフィリノイド構造をとるサブフタロシアニン，サブナフタロシアニン，ボロンジピロメタンなどの低分子材料の研究例が報告されている[11)]。

ほかにもカルコゲナジアゾール類，スクアリン系化合物，フェニレンビニレンおよびアゾ化合物など多くの長波長吸収材料が研究されている[12), 13)]。

10.4.3　界面構造に関する取組み

有機薄膜中における励起子拡散長は多くの場合，10 nm 前後と非常に短い。このため効率よく p/n 界面に励起子を到達させるための界面構造の取組みがなされている。また，励起子消失の抑制，アクセプター層への励起子閉じ込め効果を得るために，バソクプロイン（Bathocuproine, BCP）などの励起子ブロッキング層をアクセプター陰極界面に用いる研究がなされている[14)]。陽極には

PEDOT：PSS などのバッファ層を用い，漏れ電流の低減による開放電圧の向上[15]，積層させたドナー層のモフォロジー構造制御[16]やバッファ層からのエネルギー移動による増感作用[17]などさまざまな取組みがなされている。

10.4.4　半透明太陽電池の開発

　有機薄膜太陽電池は軽量，フレキシブル，低コストであると同時に，薄膜を利用しデバイス透過性を高めることが可能である。それによって窓へ応用したり，タンデム太陽電池を作製したりすることができる。アプローチ方法はおもに2つある。1つ目はデバイスの透過率を下げる金属電極の透過率を向上させる方法で，2つ目は有機半導体の吸収領域を変化させる方法である。1つ目に関しては，金属電極の薄膜化を利用しているもの[18]，金属薄膜と金属酸化物の複合膜を利用しているもの[19]，銀ナノワイヤを利用しているもの[20]などが挙げられる。2つ目に関しては活性層として UV，NIR に吸収領域のあるポルフィリン系の低分子材料を用いている研究が報告されている[21],[22]。

10.4.5　ウェットプロセスでの有機薄膜太陽電池

　〔1〕ウェットプロセスの重要性　　有機薄膜太陽電池は他の太陽電池と比べて低コストに作製できるという利点がある。それは有機薄膜太陽電池では電子輸送層，活性層を溶液プロセスにより塗って作るということが可能であるためである。しかしながら，金属電極作製には真空蒸着やスパッタリングなどの真空プロセスを用いることが主流である。そのため製膜コストは依然として高いのが現状である。低コストという有機薄膜太陽電池の特性をさらに伸ばすために，ウェットプロセスで作製するという取組みが近年なされてきた。

　〔2〕ウェットプロセス有機薄膜太陽電池の研究動向　　有機薄膜太陽電池作製方法としてウェットプロセスを用いている研究は近年増えている。多くは連続ロール（roll to roll）法での作製を目指し，真空蒸着を用いる金属電極を用いず，導電性高分子を塗布することで電極を作製する。しかし導電性高分子を活性層へ塗布する場合，工夫が必要である。それは電極を製膜する表面である有

機半導体活性層表面が疎水性を示し，水溶性の導電性高分子を製膜することができないためである。この課題を解決するために，さまざまな研究がなされている。

1つは活性層表面を改質する研究である。活性層表面に酸素プラズマ処理を施して活性層を親水化し，導電性高分子をスピンコートして製膜したり[23]，プラズマ処理時間を調整してグラビアコートにより製膜したり[24]という報告がなされている。この方法はプラズマ処理時間が長ければ活性層の劣化につながるという問題がある。また PAH-D という絶縁性のポリマー膜を活性層表面に製膜し，活性層表面を親水化させたという報告もある[25]。これは絶縁性の膜をデバイスの中に組み込むため，性能向上には限界があると考えられる。これらの活性層表面改質は性能とトレードオフであると考えることができる。

このような性能とトレードオフとなってしまう表面改質を用いずに導電性高分子を製膜している研究もいくつか報告がある。1つはスプレー法により活性層表面に導電性高分子を製膜する方法である[26]~[28]。また，ゴムのように柔軟なポリジメチルシロキサン（dimethylpolysiloxane，PDMS）を用いてスタンプ塗布により製膜しているものも報告されている[29]。また導電率を改質し，導電率は低いが活性層との相性のよい PEDOT：PSS をまず活性層にスピンコートし，その上に従来の導電率の高い PEDOT：PSS を製膜するといった手法も研究されている[30], [31]。さらに，水溶性である導電性高分子ではなく，銀ナノワイヤやグラフェンなどの金属材料を開発し，活性層表面に塗布している研究も報告されている[32], [33]。著者らは，ラミネーションプロセスによって粘性の導電層をもつ高分子による半透明太陽電池を簡便に作製して，特性を報告している[34], [35]。

〔3〕ウェットプロセス太陽電池における課題　　このようなウェットプロセスによる有機薄膜太陽電池には性能と耐久性という問題がある。導電性高分子は金属に比べて導電率が低く，金属を蒸着したデバイスよりも高い性能を示すことが困難である。また，耐久性に関してはゼーマン（Seemann）らによると，金属電極の代わりに導電性高分子をウェットプロセスにより製膜したデバイス

は，2時間大気暴露することで性能が 60％以上低下するという報告がある[34]。その理由としては，導電性高分子が吸湿性を示すため，活性層に水分が侵入すること，また導電性高分子が酸性であるためカソードの劣化を促進する，などといったことが考えられる。これらの耐久性に関する問題を解決することがこれからの課題となるだろう。

章末問題

1 有機薄膜太陽電池の発電原理を説明してみよう。

2 太陽電池における吸収波長の長波長化が検討されているのはなぜか考えてみよう。

3 半透明太陽電池が期待される理由を考えてみよう。

4 フレキシブル太陽電池ができるとどのような場所での利用が期待されているか考えてみよう。

第11章 電磁気学と有機エレクトロニクス

有機エレクトロニクスの進展は目覚ましい。定期券などのプラスチック基板に集積回路を埋め込んだ非接触 IC が普及し、屈曲可能なフレキシブルデバイスが登場している。フィルム型のデバイスを皮膚に接着することで、健康状態などのモニタリングが無線通信を介して、携帯端末機器で行われる時代となっている。ここでは、電磁気学をベースに急速に進展する有機エレクトロニクスの進展の状況と、将来展望を述べる。

11.1 非接触 IC

IC（integrated circuit）は集積回路であり、この発明がもとで現在のエレクトロニクスが発展した。薄いプラスチック板にモールドされた IC カードにより、電車、バス等の公共の乗り物の乗り降りにおける運賃清算、コンビニ等における支払いも可能になっている。RFID（radio frequency identification）というシステムによって、読み取り機（リーダー・ライター）に近づけるだけで、非接触で電波を用いた交信が可能となり、データの読み書きができる。ファラデーの電磁誘導の法則を用い、電池などの電源がなくとも作動する。カード内部には薄いシートが挟まれ、そのシートに渦巻状のコイル（アンテナ）が印刷され、末端に IC チップ、メモリ、変調回路、共振回路が接続されている。このコイルの内側をリーダー・ライターから発振された磁束が通過する際に、コイルに誘起電力が発生し IC チップが起動するが、コイルに電流が流れることで、リーダー・ライターより受けた磁束とは逆向きに磁界が発生し反磁界としてリーダー・ライターへ帰される。この反磁界を搬送波として変調されたデータ信号が送られ、復調・解読されてデータの更新が行われる。

11.2　フレキシブルエレクトロニクス [1), 2)]

印刷技術の普及，PET フィルムに代表されるフレキシブル基材の普及により，有機エレクトロニクスデバイスも柔軟に屈曲したり，場合によっては折り畳んだりすることが可能となってきている。

四反田らは，印刷型バイオセンサや印刷型燃料電池を報告している。印刷技術を用いることで，さまざまな基板やインクが使用可能となり，紙を基板としたデバイスも多数報告されている。電極に固定化した化学物質との反応により色の変化を生じるセンサ，光のオン，オフによって電極に流れる電流の量が変化することを活用するバイオセンサ，紙を用いた印刷型バイオ燃料電池などが試作されている。小型で，薄く，手軽に携帯できるため，環境測定やヘルスケアなどに期待されている。

11.3　ウェアラブルエレクトロニクス [3), 4)]

わが国でも高齢化社会の本格的な到来を迎え，医療・介護現場の労働不足に加え，生活の質を向上するために，健康管理（ヘルスケア）においてもセルフメディケーションやセルフケアが重要になってきている。そのためには，無線情報通信技術を活用した健康管理システムが期待される。特に，自宅や介護施設，病院などにおいて「いつでも，どこでも，だれもが簡単かつ正確に生体情報をモニタリングし，その情報にスムーズにアクセスできる技術」が求められている。近年の半導体技術の発展と，スマートフォンなどの急速な普及により，個人の端末への情報表示が可能になってきている。

横田らは，生体の皮膚に密着装着可能な皮膚貼付け型デバイスを発表している。くしゃくしゃに折り曲げた薄膜有機デバイスが動作し，伸縮しても動作する有機トランジスタ，皮膚に貼り付けて，赤や緑の発光ダイオードで血中酸素濃度を表示するデバイスなどを提案している。

NTTと東レは共同で，導電性高分子を用いたウェアラブル素材 hitoe を発表し，ベストやTシャツ型の衣料にデバイスを装置したリハビリ支援などを進めている。また，藤田医科大学とともに患者の心拍数や活動状態をスマホなどでモニタリングすることが可能となってきている。

また近年著者らは図 11.1 に示すように，魚鱗のバイオミメティクスにより導電性の変化を感度よくとらえるウェアラブル圧力センサを開発し，運動中の脈拍の変化などの生体情報を簡便に収集するデバイスを報告した。

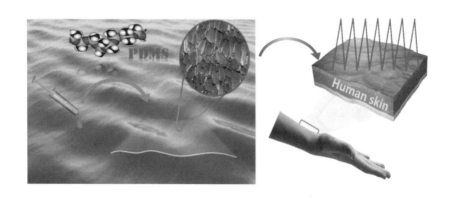

図 11.1 魚鱗のバイオミメティクスによるウェアラブル圧力センサ。ポリマー（PDMS）の表面形状を鱗状に作製することで脈拍，心拍などの生体情報が容易に感度よく収集できる[5]。

さらに，著者らは図 11.2 に示すように，子持ち昆布の構造から着想を得て，容量の変化を感度よくとらえることにより，紙コップを持ち上げるときの指の圧力などごくわずかな圧力の変化を詳細にセンシングする圧力するセンサを開発した。

こうしたウェアラブルデバイスは，今後ますます盛んになるスポーツの最中の活動状態のモニタリング，高齢化社会の進展における老人ホームなどでの健康状態のモニタリングに活用が期待される。

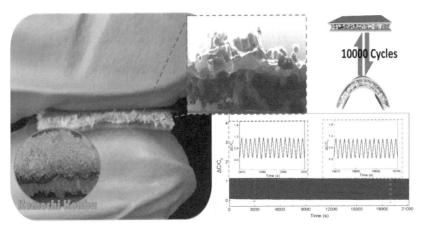

図 11.2 子持ち昆布のバイオミメティクスによる高感度ウェアラブル圧力センサ [6]

11.4　IoT センサデバイスシステム [7], [8]

　IoT（Internet of Things）はデバイスとスマホなどの携帯端末機を無線通信で連結した，近年急速に普及しているエレクトロニクス・情報通信システムである。その多くは，複数種類かつ多数のセンサを，机や壁といった環境への埋込みや人への装着により配置し，ユーザーの意思決定に伴うサービスの利用度や行動そのものに関するビックデーターを収集して管理を行う。

　部品メーカーにおいても，機能モジュールやソリューションを提供するようになってきている。ハードウェアとソフトウェアとの両方の進展により，データをセーブするメモリがクラウドとなり，センサネットワークを活用して，地域ごとの気象データを集積して，天気予報なども，人口の多い地域においては詳細な情報の提供も可能となってきた。

　IoTによって，ビジネスモデルそのものにも変化が起きてきている。有機エレクトロニクスも IoT とともに大きく進展し，われわれの日常生活に欠かせないものになっていくであろう。

138

章末問題

❶ 鉄道の定期券などに利用されているプラスチックカードの中には非接触 IC が挿入されている。電磁気学で，この動作原理を説明してみよう。

❷ フレキシブルエレクトロニクスはどのような場合に有用であると期待されているか考えてみよう。

❸ ウェアラブルエレクトロニクスの近年の進展をまとめてみよう。

❹ センサと情報ネットワークが結びつくことで大きく変化している，もしくは今後変化していくことが予想される事柄を考えてみよう。

引用・参考文献

第1章

1) https://www.bostondynamics.com/ls3（2019年5月現在）
2) 森泉豊栄：バイオエレクトロニクス，工業調査会（1987）
3) 森泉豊栄，吉野勝美，森田慎三，岩本光正：有機エレクトロニクス，コロナ社（1994）

第2章

1) 恩田智彦：フラクタル表面の超はっ水・親水現象，日本物理学会誌，**53**, 2, p.107（1998）
2) A. W. Adamson et al.：Physical Chemistry of Surfaces, 6th ed.,John Wiley & Sons（1997）
3) 小野周：物理学 One Point-9 表面張力，共立出版（1980）
4) B. B. Mandelbrot：The Fractal Geometry of Nature , Freeman（1982）
5) 高安秀樹：フラクタル，朝倉書店（1986）
6) T. Nishino, M. Meguro, K. Nakamae, M. Matsushita and Y. Ueda：The lowest surface free energy based on $-CF_3$ alighment, Langmuir **15**, p.4321（1999）
7) 石田秀輝 監修，松田素子，江口絵里 著：ヤモリの指から不思議なテープ，アリス館（2011）
8) C. G. Bernhard and W. H. A. Miller：A CORNEAL NIPPLE PATTERN IN INSECT COMPOUND EYES, Acta Physiol. Scand. **56**, p.385（1962）
9) C. G. Bernhard et al., Z. Vergl：Comparative Ultrastructure of Corneal Surface Topography in Insects with Aspects on Phylogenesis and Function , Physiol., **67**, 1（1970）
10) 木下修一：構造色とその応用，O plus E, **23**, pp.298-301（2002）
11) Yasuhiro Miyauchi1, Bin Ding, and Seimei Shiratori：Fabrication of a silver-ragwort-leaf-likesuper-hydrophobic micro/nanoporous fibrous mat surface by electrospinning, Nanotechnology , **17**, pp.5151-5156（2006）

第3章

1) 辻井薫：フラクタル構造による超はっ水 / はっ油表面，表面，**35**, 12, p.629（1997）
2) 柴田二三郎：「天然に学ぶ‐ 形態と機能‐」特集 はっ水性, SEM-I GAKKAISHI

_140_   引用・参考文献

（繊維と工業），**44**, 3, p. 94（1988）

3） 小野 他：超はっ水性高分子材料に関する研究，宮城工業高等専門学校研究紀要, 35, p. 63（1999）

4） 板津敏彦：繊維はっ水加工，テキスタイル＆ファッション，**11**, 9, p.519（1994）

5） 井上二郎：メンテナンスフリーに迫るはっ水性材料 繊維へのはっ水加工，工業材料，**44**, 8, p.47（1996）

6） 徳海明夫 他：はっ水性皮膜の形成方法，塗装と塗料，**98**-1, 571, p.37（1998）

7） 荻野圭三：表面の世界，裳華房（1998）

8） L. A. Girifalco et al.：A THEORY FOR THE ESTIMATION OF SURFACE AND INTERFACIAL ENERGIES .1. DERIVATION AND APPLICATION TO INTERFACIAL TENSION, J. Phys. Chem, **61**, p.904（1957）

9） 西野孝：高分子表面の低エネルギー化に関する研究，日本接着学会誌，**35**, 4, p.170（1999）

10） 小林浩明：メンテナンスフリーに迫るはっ水性材料 自動車用はっ水性ガラス，工業材料，**44**, 8, p.38（1996）

11） 西山久司：自動車材料のすべて 自動車材料の最新動向 自動車用ガラス，工業材料，**45**, 11, p.47（1997）

12） 山内五郎 他：メンテナンスフリーに迫るはっ水性材料 雪害対策用超はっ水性材料，工業材料，**44**, 8, p.42（1996）

13） A. Dupré：Theorie Mechaniquede la chaleur（1869）

14） T. Young：An essay on the cohesion of fluids, Trans. Roy. Soc, **95**, 84（1805）

15） 井本稔：表面張力の理解のために，高分子刊行会（1992）

16） R. N. Wenzel.：Surface Roughness and Contact angle, J. Phys. Colloid. Chem, **53**, p.1466（1949）

17） A. B. D. Cassie, S. Baxter：Wettability of porous surfaces, Trans. Faraday. Soc, **40**, p.546（1944）

第 4 章

1） Catania, Kenneth：The shocking predatory strike of the electric eel, Science, **346**, 6214, pp. 1231-1234（2014）

2） 森泉豊栄：バイオエレクトロニクス，工業調査会（1987）

3） 松本元，大津展之：神経細胞が行う情報処理とそのメカニズム，培風館（1991）

4） A.L.Hodgkin, A. F. Huxley：A QUANTITATIVE DESCRIPTION OF MEMBRANE CURRENT AND ITS APPLICATION TO CONDUCTION AND EXCITATION IN NERVE, The Journal of Physiology, **117**, pp. 500-544（1952）

5） 松本元：神経興奮の現象と実体，丸善（1981）

6） G. Natta, G. Mazzanti, P. Corradini：81-STEREOSPECIFIC POLYMERIZATION OF ACETYLENE, SchienceDirect, pp.463-465（1967）

引用・参考文献　　*141*

7）Hideki Shirakawa：Nobel Prize 2000 Lecture，Current Applied Physics，**1**, 4, pp.281-286（2001）

8）Hideki Shirakawa：The discovery of polyacetylene film - The dawning of an era of conducting polymers，Synthetic Metals，**125**, 1, pp.3-10（2002）

9）Hideki Shirakawa：The discovery of polyacetylene film: The dawning of an era of conducting polymers（Nobel lecture），Angewandte Chemie International Edition, **40**, 14, pp.2574–2580（2001）

10）白川英樹：化学に魅せられて，岩波新書（1990）

11）白川英樹・山邊時雄 編：合成金属―ポリアセチレンからグラファイトまで―，化学増刊 87，化学同人（1980）

12）http://www1.e-science.co.jp/shirakawa/ept4.htm （2019 年 6 月現在）

13）T. Ito, H. Shirakawa and S. Ikeda：SIMULTANEOUS POLYMERIZATION AND FORMATION OF POLYACETYLENE FILM ON SURFACE OF CONCENTRATED SOLUBLE ZIEGLER-TYPE CATALYST SOLUTION，J. Polym.Sci., Polym.Chem. Ed. , **12**, pp. 11-20（1974）

14）Q. Pei：発光ポリマー，Material Matters, **2**, 3, pp.26-28（2007），Z. Bao：有機薄膜トランジスタ用有機材料，Material Matters, **2**, 3, p.4（2007）

15）J. H. Burroughes, D. D. C. Bradley, A. R. Brown, R. N. Marks, K. Mackay, R. H. Friend, P. L. Burn, A. B. Holmes：LIGHT-EMITTING-DIODES BASED ON CONJUGATED POLYMERS，Nature, **347**, 6293，pp.539-541（1990）

16）C.W. Tang, et al.：ELECTROLUMINESCENCE OF DOPED ORGANIC THIN-FILMS，Journal of Applied Physics, **65**, pp.3610-3616（1989）

17）奥崎秀典 監修：PEDOT の材料物性とデバイス応用，サイエンス＆テクノロジー（2012）

18）A. Elschner, S. Kirchmeyer, W. Lovenich, U. Merker, K. Reuter：PEDOT Principles and Applications of an Intrinsically Conductive Polymer, CRC Press（2010）

第 5 章

1）松野宏，軽部征夫：水晶振動子を用いる計測技術，pp.35 〜 40，セイコー電子工業（1989）

2）岡野庄太郎：水晶周波数制御デバイス，テクノ（1995）

3）G. Sauerbrey：VERWENDUNG VON SCHWINGQUARZEN ZUR WAGUNG DUNNER SCHICHTEN UND ZUR MIKROWAGUNG，Zeitschrift furnphysik, **155**, pp.206-222（1959）

4）K. Kenhi kanazawa：The Oscillation frequency of a quartz resonator in contact with a liquid, Analytica Chimica Acta, **175**, pp.99-105（1985）

5）高木茂孝：アナログ電子回路，オーム社（2011）

142   引用・参考文献

6) 松野玄，坪田一郎，占部修司：PVC 膜を用いた水晶振動子式においセンサの感度特性，電気学会研究会資料化学センサシステム研究会，CS-98-32, pp. 25-30（1998）

第 6 章

1) 森田清三：はじめてのナノプローブ技術，工業調査会（2001）
2) 大津元一：ナノ・フォトニクス─近接場光で光技術のデッドロックを乗り越える，米田出版（1999）
3) 森田清三：走査型プローブ顕微鏡─基礎と未来予測，丸善（2000）
4) 田中一宜 監修，市川昌和 著：アトムテクノロジーへの挑戦1，日経 BP 社（2001）
5) （AFMSTEM）プローブ顕微鏡
    http://www.s-graphics.co.jp/nanoelectronics/kaitai/spm/3.htm（2019 年 5 月現在）
6) STM Image Gallery
    http://www.almaden.ibm.com/vis/stm/atomo.html （2019 年 5 月現在）
7) 金原粲：薄膜の基本技術 第 2 版，東京大学出版会（1987）
8) 慶應義塾大学理工学部物理情報工学科物理情報工学実験 CD
9) B.D. カリティ著，松村源太郎 訳：X線回折要論，アグネ（1980）

第 7 章

1) 渡辺順次：昆虫の美しい構造はコレステリック液晶，光学，**33**, 4， pp.238-244（2004）
2) Hans Arwin, Torun Berlind, Blaine Johs, and Kenneth Järrendahl：Cuticle structure of the scarab beetle Cetonia aurata analyzed by regression analysis of Mueller-matrix ellipsometric data, Optics Express, **21**, 19, pp.22645-22656（2013）
3) 白鳥世明：有機 EL 材料とディスプレイ（第 16 章エレクトロケミルミネッセンス，シーエムシー出版（2001）

第 8 章

1) 吉田貞史：薄膜，培風館（1990）
2) 後藤憲一，山崎修一郎 共編：詳解電磁気学演習，共立出版（1970）
3) 井手文雄：オプトエレクトロニクスと高分子材料，共立出版（1995）
4) 村田和美：光学，サイエンス社（1979）
5) 藤原史郎，石黒浩三，池田英生，横田英嗣：光学技術シリーズ 11　光学薄膜 第 2 版，共立出版（1986）
6) 辻内順平：光学概論Ⅰ，朝倉書店（1979）
7) 辻内順平：光学概論Ⅱ，朝倉書店（1979）

引用・参考文献　　*143*

8）　小檜山光信：光学薄膜フィルターデザイン，オプトロニクス社（2006）

第9章

1）　加工技術研究会 編：コーティングのすべて，加工技術研究会（1999）

2）　原崎勇次：コーティング工学，槙書店（1978）

3）　原崎勇次：コーティング方式，槙書店（1979）

4）　E. Shigeno, K. Shimizu, S. Seki, M. Ogawa, A. Shida, M. Ide and Y. Sawada：Formation of indium-tin-oxide films by dip coating process using indium dipropionate monohydroxide, Thin Solid Films, 411, pp. 56-59（2002）

5）　R. Ota, S. Seki, M. Ogawa, T. Nishide, A. Shida, M. Ide and Y. Sawada：Fabrication of indium-tin-oxide films by dip coating process using ethanol solution of chlorides and surfactants, Thin Solid Films, 411, pp. 42-45（2002）

6）　K. Yonaiyama, H. Saito, M. Higuchi, T. Asaka, K. Katayama and Y. Azuma：Characterization and preparation of transparent mesostructure silica thin films by spin coating method, J. Ceram. Soc. Jpn, 111, pp. 413-418（2003）

7）　H. Yoshida, M. Sone, A. Mizushima, K. Abe, X. T. Tao, S. Ichihara and S. Miyata：Electroplating of nanostructured nickel in emulsion of supercritical carbon dioxide in electrolyte solution, Chem. Lett., **11**, pp.1086-1087（2002）

8）　H. Yoshida, M. Sone, A. Mizushima, H. Yan, H. Wakabayashi, K. Abe, X. T. Tao, S. Ichihara and S. Miyata：Application of emulsion of dense carbon dioxide in electroplating solution with nonionic surfactants for nickel electroplating, Surf. Coat. Technol., 173, pp.285-292（2003）

9）　H. Yoshida, M. Sone, H. Wakabayashi, H. Yan, K. Abe, X. T. Tao, A. Mizushima, S. Ichihara and S. Miyata：New electroplating method of nickel in emulsion of supercritical carbon dioxide and electroplating solution to enhance uniformity and hardness of plated film, Thin Solid Films, 446, pp.194-199（2004）

10）　H. Yan, M. Sone, N. Sato, S. Ichihara and S. Miyata：The effects of dense carbon dioxide on nickel plating using emulsion of carbon dioxide in electroplating solution, Surf. Coat. Technol, 182, pp.329-334（2004）

11）　H. Yan, M. Sone, N. Sato, S. Ichihara, S. Miyata and T. NAGAI：Electroplating in CO_2-in-water and water-in-CO_2 emulsions using a nickel electroplating solution with anionic fluorinated surfactant, Surf. Coat. Technol., 187, pp.86-92（2004）

12）　H. Wakabayashi, N. Sato, M. Sone, Y. Takada, H. Yan, K. Abe, K. Mizumoto, S. Ichihara and S. Miyata：Nano-grain structure of nickel films prepared by emulsion plating using dense carbon dioxide, Surf. Coat. Technol., 190, pp.200-205（2005）

13）　A. Mizushima, M. Sone, H. Yan, T. Nagai, K. Shigehara, S. Ichihara and S. Miyata：Nanograin deposition via an electroplating reaction in an emulsion of dense carbon dioxide in a nickel electroplating solution using nonionic fluorinated surfactant,

144 引用・参考文献

Surf. Coat. Technol., 194, pp.149-156（2005）

14）G. Decher and J. Schmitt：BUILDUP OF ULTRATHIN MULTILAYER FILMS BY A SELF-ASSEMBLY PROCESS .3. CONSECUTIVELY ALTERNATING ADSORPTION OF ANIONIC AND CATIONIC POLYELECTROLYTES ON CHARGED SURFACES, Thin Solid Films 210/211, pp.831-835（1992）

15）D.Yoo, S. Shiratori, M. F. Rubner：Controlling Bilayer Composition and Surface Wettability of Sequentially Adsorbed Multi layers of Weak Polyelectrolytes, Macromolecules, 31, pp.4309-4318

16）S. Shiratori and M. F. Rubner：pH-dependent thickness behavior of sequentially adsorbed layers of weak polyelectrolytes, Macromolecules, 33, pp.4213-4219（2000）

17）S. Y. Park, C. J. Barrett, M. F. Rubner and A. M. Mayer：Anomalous adsorption of polyelectrolyte layers, Macromolecules, **34**, pp.3384-3388（2001）

18）J. Anzai, Y. Kobayashi, N. Nakamura, M. Nishimura and T. Hoshi：Layer-by-layer construction of multilayer thin films composed of avidin and biotin-labeled poly（amine）s, Langmuir, 15, pp.221-226（1999）

19）G. Decher；Fuzzy nanoassemblies: Toward layered polymeric multicomposites, Science, 277, pp.1232-1237（1997）

20）A. Ulman：An Introduction to Ultrathin Organic Films, from Langmuir-Blodgett to Self-Assembly, Academic Press（1991）

21）V. V. Tsukruk：Assembly of supramolecular polymers in ultrathin films, Prog. Polym. Sci., **22**, pp.247-311（1997）

22）A. K. Bajpai：Interface behaviour of ionic polymers, Prog. Polym. Sci., **22** pp.523-564（1997）

23）J. H. Cheung, A. C. Fou and M. F. Rubner：MOLECULAR SELF-ASSEMBLY OF CONDUCTING POLYMERS, Thin Solid Films, 244, pp.985-989（1994）

24）I. Ichinose, H. Tagawa, S. Mizuki, Y. Lvov and T. Kunitake：Formation process of ultrathin multilayer films of molybdenum oxide by alternate adsorption of octamolybdate and linear polycations, Lanmuir, **14**, pp.187-192（1998）

25）O. N. Oliveira Jr., M. Raposo and A. Dhanabalan：Langmuir-Blodgett（LB）and self-assembled（SA）polymeric films, in "Handbook of Surfaces and Interfaces of Materials"（H. S. Nalwa, Ed）, Academic Press（2001）

26）G. J. Kellogg, A. M. Mayer, W. B. Stockton, M. Ferreira, M. F. Rubner and S.K. Satija：Neutron reflectivity investigations of self-assembled conjugated polyion multilayers, Langmuir, **12**, pp.5109-5113（1996）

27）Y. Lvov, H. Haas, G. Decher and H. Mohwald：ASSEMBLY OF POLYELECTROLYTE MOLECULAR FILMS ONTO PLASMA-TREATED GLASS, J. Phys. Chem., 97 pp.12835-12841（1993）

28) J. –A. He, L. A. Samuelson, L. Li, J. Kumar and S. K. Tripathy：Oriented bacteriorhodopsin/polycation multilayers by electrostatic layer-by-layer assembly, Langmuir, **14**, p.1674（1998）

29) A. Laschewsky, E. Wischerhoff, M. Kauranen and A. Persoons：Polyelectrolyte multilayer assemblies containing nonlinear optical dyes, Macromolecules, 30 pp.8304-8309（1997）

30) P. A. Ribeiro, M. Raposo, D. S. dos Santos Jr., D. T. Balogh, J. A. Giacometti and O. N. Oliveira Jr.：Materials Research Society 1999 Fall Meeting Abstract Book, p.510（1999）

31) R. Advincula, E. Aust, W. Meyer and W. Knoll：In situ investigations of polymer self-assembly solution adsorption by surface plasmon spectroscopy, Langmuir, **12** pp.3536-3540（1996）

32) D. Yoo, S. Shiratori and M. F. Rubner：Controlling bilayer composition and surface wettability of sequentially adsorbed multilayers of weak polyelectrolytes, Macromolecules, **31**, pp.4309-4318（1998）

33) M. K. Ram, M. Salerno, M. Adami, P. Faraci and C. Nicolini：Physical properties of polyaniline films: Assembled by the layer-by-layer technique, Langmuir, **15**, pp.1252-1259（1999）

34) J. –M. Levasalmi and T. J. McCarthy：Poly（4-methyl-1-pentene）-supported polyelectrolyte multilayer films: Preparation and gas permeabilit, Macromolecules, **30**, pp.1752-1757（1997）

35) T. C. Wang, R. E. Cohen and M .F. Rubner：Metallodielectric photonic structures based on polyelectrolyte multilayers, Adv. Mater., **14**, p.1534（2002）

36) V. Zucolotto, J- A. He, C. J. L. Constantino, N. M. B. Neto, J. J. Rodrigues Jr, C. R. Mendonc, S. C. Zilio, L. Li, R. F. Aroca, O. N. Oliveira Jr and J. Kumar： Mechanisms of surface-relief gratings formation in layer-by-layer films from azodyes, Polymer, **44**, pp.6129-6133（2003）

37) Y. Wang, Z. Tang, N.A. Kotov, M. A. Correa-Duarte and L. M. Liz-Marzan： Multicolor luminescence patterning by photoactivation of semiconductor nanoparticle films, J. Am. Chem. Soc., **125**, pp.2830-2831（2003）

38) J. Nolte, M. F. Rubner and R. E. Cohen：Creating effective refractive index gradients within polyelectrolyte multilayer films: Molecularly assembled rugate filters, Langmuir, **20**, pp.3304-3310（2004）

39) S. Takenaka, Y. Maehara, H. Imai, M. Yoshikawa and S. Shiratori：Layer-by-layer self-assembly replication technique: application to photoelectrode of dye-sensitized solar cell, Thin Solid Films, 438, pp.346-351（2003）

40) T. Ito, Y. Okayama and S. Shiratori：The fabrication of organic/inorganic multilayer by wet process and sequential adsorption method, Thin Solid Films,

393, pp.138-142（2001）

41）J. Nolte, M. F. Rubner and R. E. Cohen : Creating effective refractive index gradients within polyelectrolyte multilayer films: Molecularly assembled rugate filters, Langmuir, **20**, pp.3304-3310（2004）

42）T. Ito, T. Yamad and S. Shiratori : Automatic film formation system for ultra-thin organic/inorganic hetero-structure by mass-controlled layer-by-layer sequential adsorption method with 'nm' scale accuracy, Colloids and Surfaces A 198-200, pp.415-423（2002）

43）L. Zhai, A.J. Nolte, R. E. Cohen and M. F. Rubner : pH-gated porosity transitions of polyelectrolyte multilayers in confined geometries and their application as tunable Bragg reflectors, Macromolecules, **37**, pp.6113-6123（2004）

44）J -H. Kim, S -H Kim and S Shiratori : Fabrication of nanoporous and hetero structure thin film via a layer-by-layer self assembly method for a gas sensor, Sensors and Actuators B 102, pp.241-247（2004）

45）S. Shiratori, Y. Inami and M. Kikuchi : Removal of toxic gas by hybrid chemical filter fabricated by the sequential adsorption of polymers, Thin Solid Films, 393, pp.243-248（2001）

46）H. Ai, M. Fang, S. A. Jones and Y. M. Lvov : Electrostatic layer-by-layer nanoassembly on biological microtemplates: Platelets, Biomacromolecules, **3**, pp.560-564（2002）

47）S. Jiang, X. D. Chen and M. G. Liu : The pH stimulated reversible loading and release of a cationic dye in a layer-by-layer assembled DNA/PAH film, J Colloid Interface Sci., 277, pp.396-403（2004）

48）L. I. Shabarchina, M. M. Montrel, G. B. Sukhorukov and B. I. Sukhorukov : The structure of multilayer films of DNA-aliphatic amine is preparation technique dependent, Thin Solid Films, 440, pp.217-222（2003）

49）L. Radtchenko, M. Giersig and G. B. Sukhorukov : Inorganic particle synthesis in confined micron-sized polyelectrolyte capsules, Langmuir, **18**, pp.8204-8208（2002）

50）Y. Maehara, S. Takenaka, K. Shimizu, M. Yoshikawa and S. Shiratori : Buildup of multilayer structures of organic-inorganic hybrid ultra thin films by wet process, Thin Solid Films, 438-439, pp.65-69（2003）

51）X. Shi, T. Cassagneau and F. Caruso : Electrostatic interactions between polyelectrolytes and a titania precursor: Thin film and solution studies, Langmuir, 18, pp.904-910（2002）

52）X. Wang, Y.-G. Kim, C. Drew B.-C. Ku, J. Kumar and J. L. A. Samuelson : Electrostatic assembly of conjugated polymer thin layers on electrospun nanofibrous membranes for biosensors, Nano Lett., **4**, pp.331-334（2004）

引用・参考文献　　*147*

53）A. A. Mamedov and N. A. Kotov：Free-standing layer-by-layer assembled films of magnetite nanoparticles, Langmuir, **16**, pp.5530-5533（2000）

54）T. Ung and P. Mulvaney：Optical properties of thin films of Au@SiO2 particles, J. Phys. Chem. B, 105, pp.3441-3452（2001）

55）S. Westenhoff and N. A. Kotov：Quantum dot on a rope, J. Am. Chem. Soc., 124, pp.2448-2449（2002）

56）Y. Shen, J. Liu J, A. Wu, J. Jiang, L. Bi, B. Liu, Z. Li and S. Dong：Preparation of Pt nanoparticles assembled in multilayer films, Chem. Lett, **5**, p.550（2002）

57）V. A. Sinani, D. S Koktysh, B-G. Yun, R. L. Matts, S. N. Thomas, N. A. Kotov, T. C. Pappas and M. Motamedi：Collagen coating promotes biocompatibility of semiconductor nanoparticles in stratified LBL films, Nano Lett., **3**, pp.1177-1182（2003）

58）G. Schneider and G. Decher：From functional core/shell nanoparticles prepared via layer-by-layer deposition to empty nanospheres, Nano Lett., **4**, pp.1833-1839（2004）

59）B. Kim and W. M. Sigmund：Functionalized multiwall carbon nanotube/gold nanoparticle composites, Langmuir, **20**, pp.8239-8242（2004）

60）L. M. Goldenberg, B-D. Jung, J. Wagner, J. Stumpe, B-R. Paulke and E. Goernitz：Preparation of ordered arrays of layer-by-layer modified latex particles, Langmuir, **19**, pp.205-207（2003）

61）Jiang, S. Markutsya and V. V. Tsukruk：Collective and individual plasmon resonances in nanoparticle films obtained by spin-assisted layer-by-layer assembly, Langmuir, **20**, pp.882-890（2004）

62）Y-G. Guo, L-J. Wan and C-L. Bai：Gold/titania core/sheath nanowires prepared by layer-by-layer assembly, J. Phys. Chem. B, 107, pp.5441-5444（2003）

63）X. Shi, S. Han, R. J. Sanedrin, F. Zhou and M. Selke：Synthesis of cobalt oxide nanotubes from colloidal particles modified with a Co（III）-cysteinato precursor, Chem. Mater., **14**, pp.1897-1902（2002）

64）L. S. Clark, M. F. Montague and P. T. Hammond：Ionic effects of sodium chloride on the templated deposition of polyelectrolytes using layer-by-layer ionic assembly, Macromolecules, **30**, pp.7237-7244（1997）

65）T. Serizawa, K. Hamada and M. Akashi：Polymerization within a molecular-scale stereoregular template, Nature, 429, pp.52-55（2004）

66）白鳥世明：交互吸着自己組織化膜のナノ構造制御とデバイス応用，応用物理，**69** p.553（2000）

67）S. Fujita and S. Shiratori：Waterproof Anti Reflection Films Fabricated by layer-by-layer Adsorption Process, Jpn. J. Appl. Phys. 43, 4B, pp.2346-2351（2004）

68）S. Fujita, K. Fujimoto, T. Naka and S. Shiratori：Anti Reflection Films Fabricated by Roll-to-Roll Layer-by-Layer Adsorption Process, IEICE Trans. Electron., **E87-C**, pp.2064-2070（2004）

69） K. Fujimoto, S. Fujita, B. Ding and S. Shiratori：Fabrication of Layer-by-Layer Self-Assembly Films Using Roll-to-Roll Process, Jpn. J. Appl. Phys., **44**, 3 , pp.126-128 （2005）

70） 白鳥世明 他共著：21 世紀版薄膜作製応用ハンドブック, pp.508-514, エヌ・ティー・エス（2003）

71） 白鳥世明 他共著：有機トランジスタの動作性向上技術－材料開発・作製法・素子設計－, pp.131-135, pp.297-308, 技術情報協会（2003）

第 10 章

1） R.Bettignies, J.Leroy, M.Firon, C.Sentein：Accelerated lifetime measurements of P3HT：PCBM solar cells, Synthetic Metals, 156, pp.510-513（2006）

2） K.Norrman, M.V.Madsen, S. A.Gevorgyan, F.C.Krebs：Degradation Patterns in Water and Oxygen of an Inverted Polymer Solar Cell, J. Am. Chem. Soc., 132, pp.16883-16892（2010）

3） J.Myers, J.Xue：Organic Semiconductors and their Applications in Photovoltaic Devices, Polymer Reviews, 52, pp.1-37（2012）

4） http://denkou.cdx.jp/Opt/PVC01/PVCF1_4.html （2019 年 5 月現在）

5） 松尾豊：有機薄膜太陽電池の研究最前線, シーエムシー出版（2012）

6） N.Blouin, A.Michaud, M.Leclerc, ; A low-bandgap poly（2,7-carbazole）derivative for use in high-performance solar cells, Adv. Mater., 19, p.2295（2005）

7） S.H.Park, A. Roy, S.Beaupre, S.Cho, N.Coates, J. S.Moon, D.Moses, M.Leclerc, K.Lee, A.J.Heeger：Bulk heterojunction solar cells with internal quantum efficiency approaching 100%, Nat. Photonics, 3, p. 297（2009）

8） A.He, X.Huang, W. Y.Wong, H.Wu, L.Chen, S.Su, Y.Cao：Simultaneous Enhancement of Open‐Circuit Voltage, Short‐Circuit Current Density, and Fill Factor in Polymer Solar Cells, Adv. Mater., 23, p.4636（2011）

9） Y.C.Chen, C.Y.Yu, Y.L.Fan, L.I.Hung, C.P.Chen, C.Ting：Low-bandgap conjugated polymer for high efficient photovoltaic applications, Chem. Commun., 46, pp.6503-6505（2010）

10） Y.Zhang, J.Zou, H.L.Yip, K. S.Chen, D. F.Zeigler, Y.Sun, A.K.Y.Jen：Indacenodithiophene and Quinoxaline-Based Conjugated Polymers for Highly Efficient Polymer Solar Cells, Chem. Mater. 23., pp.2289-2291（2011）

11） B.Verreet, S.Schols, D.Cheyns, B.P.Rand, H.Gommans, T.Aernouts, P.Haremans, J.Genoe：The characterization of chloroboron（III）subnaphthalocyanine thin films and their application as a donor material for organic solar cells,; J. Mater. Chem., 19, pp.5295-5297（2009）

12) J.A.Mikroyannidis, D.V.Tsagkournous, S.S.Sharma, Y.K.Vijay, G.D.Sharma：Low band gap conjugated small molecules containing benzobisthiadiazole and thienothiadiazole central units: synthesis and application for bulk heterojunction solar cells, J. Mater. Chem., 21, pp.4679-4688（2011）

13) S.Alem, R.Bettignies, J.M.Nunzi, M.Cariou：Efficient polymer-based interpenetrated network photovoltaic cells, Appl. Phys. Lett., 84, pp.2178-2180（2004）

14) P.Peumans, A.Yakimov, S.R.Forrest：Small molecular weight organic thin-film photodetectors and solar cells, J. Appl. Phys., 93, pp.3693-3723（2003）

15) N.Li, B.E.Lassiter, R.R.Lunt, G.Wei, R.Forrest：Open circuit voltage enhancement due to reduced dark current in small molecule photovoltaic cells, Appl. Phys. Lett., 94. 023307（2009）

16) B.Yu, L.Huang, H.Wang, D.Yan：Efficient Organic Solar Cells Using a High-Quality Crystalline Thin Film as a Donor Layer, Adv. Mater., 22, p.1017（2010）

17) M.Ichikawa, E.Suto, H. G.Jeon, Y.Taniguchi：Sensitization of organic photovoltaic cells based on interlayer excitation energy transfer, Org. Electron., 11, pp.700-704（2010）

18) K. S.Chen, J. F.Salinas, H. L.Yip, L.Huo, J.Hou, A.K.Y.Jen, ; Semi-transparent polymer solar cells with 6% PCE, 25% average visible transmittance and a color rendering index close to 100 for power generating window applications, Energy Environ. Sci., 5, pp.9551-9557（2012）

19) T.Winkler, H.Schmidt, H.Flugge, F.Nikolayzik, I.Baumann, S.Schmale, T.Weimann, P.Hinze, H.H.Johannes, T.Rabe, S.Hamwi, T.Riedl, W.Kowalsky：Efficient large area semitransparent organic solar cells based on highly transparent and conductive ZTO/Ag/ZTO multilayer top electrodes, Org. Electron, 12, pp.1612-1618（2011）

20) C.C.Chen, L.Dou, C. H.Chung, T. B.Song, Y. B.Zheng, S.Hawks, G.Li, P. S.Weiss, Y.Yang：Visibly Transparent Polymer Solar Cells Produced by Solution Processing, ACS Nano, 6, pp.7185-7190（2012）

21) R.Koeppe, D.Hoeglinger, P.A.Troshin, R.N.Lyubovskaya, V.F.Razumov, N.S.Sariciftci：Organic Solar Cells with Semitransparent Metal Back Contacts for Power Window Applications, ChemSusChem, 2. pp.309-313（2009）

22) R. R.Lunt, V.Bulovic：Transparent, near-infrared organic photovoltaic solar cells for window and energy-scavenging applications, Appl. Phys. Lett., 98, 113305_1-3（2011）

23) D. Baiel, B.Fabel, P.Gabos, L.Pancheri, P.Lugli, G.Scarpa, ; Solution-processable inverted organic photodetectors using oxygen plasma treatment, Org. Electron, pp.1199-1206（2010）

24) M.M.Voigt, R.C.I.Mackenzie, C.P.Yau, P.Atienzar, J.Dane, P. E.Keivanidis, ; D.D. C.Bradley, J.Nelson : Gravure printing for three subsequent solar cell layers of inverted structures on flexible substrates, Sol. Energy. Mater. & Sol. Cel., 95, pp.731-734 (2011)

25) Q.Dong, Y.Zhou, J.Pei, Z.Liu, Y.Li, S.Yao, J.Zhang, W.Tian : All-spin-coating vacuum-free processed semi-transparent inverted polymer solar cells with PEDOT:PSS anode and PAH-D interfacial layer, Org. Electron., 11, pp.1327-1331 (2010)

26) Y. F.Lim, S.Lee, D. J.Herman, M. T.Lloyd, J. E.Anthony, G. G.Malliaras : Spray-deposited poly (3,4-ethylenedioxythiophene) :poly (styrenesulfonate) top electrode for organic solar cells, Appl. Phys. Lett., 93, 193301_1-3 (2008)

27) R. J.Peh, Y.Lu, F.Zhao, C.L.K.Lee, W. L.Kwan : Vacuum-free processed transparent inverted organic solar cells with spray-coated PEDOT:PSS anode, Sol. Energy. Mater. & Sol. Cel., 95, pp.3579-3584 (2011)

28) J. W.Kang, Y. J.Kang, S.Jung, D. S.You, M.Song, C. S.Kim, D. G.Kim, J. K.Kim, S. H.Kim : All-spray-coated semitransparent inverted organic solar cells: From electron selective to anode layers, Org. Electron, 13, p.2940 (2012)

29) F. C.Chen, M. K.Chuang, S. C.Chien, J. H.Fang, C. W.Chu : Flexible polymer solar cells prepared using hard stamps for the direct transfer printing of polymer blends with self-organized interfaces, J. Mater. Chem., 21, pp.11378-11382 (2011)

30) Y. Li, F.Zhou, S.Barrau, W.Tian, O.Inganas, F.Zhang : Inverted and transparent polymer solar cells prepared with vacuum-free processing, Sol. Energy. Mater. & Sol. Cel., 93, pp.497-500 (2009)

31) Y.Zhou, H.Cheun, S. Choi, J.Potscavage : Indium tin oxide-free and metal-free semitransparent organic solar cells, Appl. Phys. Lett. ,97, 153304_pp.1-3 (2010)

32) W.Gaynor, J. Y.Lee, P.Peumans : Fully Solution-Processed Inverted Polymer Solar Cells with Laminated Nanowire Electrodes, ACS Nano., 4, pp.30-34 (2010)

33) C. C.Chen, L.Dou, C. H.Chung, T. B.Song, Y. B.Zheng, S.Hawks, G.Li, P. S.Weiss, Y. Yang : Visibly Transparent Polymer Solar Cells Produced by Solution Processing, ACS Nano., 6, pp.7185-7190 (2012)

34) A.Seemann, H.J.Egelhaaf, C.J.Brabec, B.A.Hauch : Influence of oxygen on semi-transparent organic solar cells with gas permeable electrodes, Org. Electron., 10, pp.1424-1428 (2009)

35) Chieko Shimada and Seimei Shiratori, Viscous Conductive Glue Layer in Semitransparent Polymer-BasedSolar Cells Fabricated by a Lamination Process, ACS Applied Materials & Interfaces, 5,pp.11087-11092 (2013)

引用・参考文献　　*151*

第 11 章

1） 四反田功：プリンタブルエレクトロケミストリーを指向したスクリーン印刷に
よるバイオセンシングデバイスの開発，ぶんせき，448, pp.187-191（2012）

2） Daniel Citterio, inkjet printed（bio）chemical sensing devices, Analytical and
Bioanalytical Chemistry, 405, 17, pp. 5785–5805（2013）

3） 横田知之，染谷隆夫：ウルトラフレキシブルエレクトロニクスの生体・医療応
用，生体医工学，**Annual56**, Abstract, p.S140（2018）

4） http://www.ntt.co.jp/journal/1807/files/JN20180710.pdf （2019 年 5 月現在）

5） Jian Wang, Mizuki Tenjimbayashi, Yuki Tokura, Jun-Yong Park, Koki Kawase, Jiatu
Li, Seimei Shiratori：Bionic Fish-Scale Surface Structures Fabricated via Air/
Water Interface for Flexible and Ultrasensitive Pressure Sensors, ACS Applied
Materials & Interfaces, **10**, 36, pp 30689–30697（2018）

6） Jian Wang, Ryuki Suzuki, Marine Shao, Frédéric Gillot, and Seimei Shiratori：
Capacitive Pressure Sensor with Wide-Range, Bendable, and High Sensitivity
Based on the Bionic Komochi Konbu Structure and Cu/Ni Nanofiber Network,
ACS Applied Materials & Interfaces, **11**, 12, pp. 11928–11935（2019）

7） 村田恒夫：IoT は大きな市場機会だ 今後も部品メーカーに徹する，日経コン
ピュータ 2018/08/16 号，pp.52-55（2018）

8） 渡邊恵太：融けるデザイン　ハード×ソフト×ネット時代の新たな設計論，
ビー・エヌ・エヌ新社（2015）

章末問題略解

第2章 ////////////////////////////////////

① ハスの葉は平面に突起が並び，その突起に μm オーダーの構造と nm オーダーの構造を合わせ持つ（図 2.3）が，サトイモの葉の構造は，リング状の突起の内側に凸構造を持っている（図 2.5）。

② マイクロ構造とナノ構造を合わせ持つ疎水性の突起の間に空気を含む特徴的な表面構造であり，表面物理学でいうキャシー効果（第 3 章参照）が働き，超撥水性を発現する。

③ 白妙菊の葉は表面にループ状の繊維構造をもつ。疎水性の繊維と繊維の間に空気層を持つ構造によって，表面物理学でいうキャシー効果（第 3 章参照）が働き，超撥水性を発現する。
ループ状の繊維構造であるが，表面物理学の観点から，同様の現象を発現する。

④ 微細加工技術，ディップコート，スプレーコート（第 9 章参照）などの薄膜形成方法で撥水性の凹凸表面を形成する。

⑤ ポリマーを用いた溶融押出し法（メルトブロー法），電界紡糸法（エレクトロスピニング法）などにより人工的に再現が可能。

⑥ 「ベルクロ」やマジックテープという名前で普及している面ファスナーがある。プラスチック製だけではなく，金属製のものもある。

⑦ 食品容器，塗料容器，医療機器などの非付着，離型，防汚用途に応用検討されている。

⑧ アメンボの足と，水面，空気層とが接する面（三重線）を書き，その点で重力と表面張力の釣合いを考える。水面下に入った足の部分への浮力を考えるとより厳密な解析が可能。

⑨ ヤモリの足指は多くの微小な剛毛が生えており，さらにそれが枝分かれして無数の小さなヘラ状構造の接着点になっている。乾燥した状態でも強固な接着力を発現する。

⑩ 真空吸着グリッパなど。

⑪ 犬の足には小さな円錐状の突起が集まり，表面の厚い角質層と内部の弾性繊維からできており，これが滑りやすい地面や雪道でも地表を挟むグリップの役割をする。

⑫ 雨が降ると付着したほこりや汚れが水滴とともに流れ落ちる親水性の壁として建材に応用されている。撥水性のコーティングは一時的に雨が降る環境における防汚に，親水性のコーティングは定期的にもしくは頻繁に雨が降る環境に適

章末問題略解　　153

している考えられる。

⑬　車のボディーカラー，繊維構造を有する繊維，化粧品など。

⑭　増反射膜といわれる。車のヘッドライトの反射板により進行方向の光を増強させている。室内灯の反射板等にも応用されている。

⑮　犬の嗅覚は人の 10 000 倍ともいわれ，警察犬としても活躍している。人間も犬も，鼻腔内に嗅上皮と呼ばれる粘膜層を持ち，この中ににおいを脳へと伝える嗅細胞を有する。人間の嗅上皮は約 3 ～ 7 cm^2 でせいぜい 1 円玉～ 10 円玉ほどの面積しかなく，含まれる嗅細胞の数は 500 万個程度，一方，犬の嗅上皮は約 150 ～ 390 cm^2 で人間の 50 倍以上あり，ちょうど 1000 円札 1 枚ちょっとの面積に相当する。含まれる嗅細胞の数も約 2 億 2 千万個と，人間を圧倒している。また犬にはにおいの階層化という特殊な能力があり，複数のにおいが交じり合っていても，個々のにおいをかぎ分けることができるという能力が高い。

⑯　犬の嗅覚は特定のにおいを高感度に識別する能力に優れており，特に訓練することにより，犯人捜査，麻薬探知，災害における被災者の発見のほか，癌患者の識別も可能となっている。こうした「高感度」かつ「高選択性」のにおいセンサが防犯，人命救助，医療分野で求められている。

第 3 章

①　水道の蛇口から少量の水を細い糸のように流し続け，帯電した棒（あるいは板）を近づけると糸状の水が帯電した棒に近づくこと。

②　一般に液体の温度が上昇すると，表面張力は低下する。

③　葉の表面にある疎水性物質で覆われた凸部と空気との複合表面におけるキャシー効果により，超撥水現象が発現する。

④　葉の表面にある疎水性物質で覆われた繊維と空気との複合表面におけるキャシー効果により，超撥水現象が発現する。

⑤　疎水性の羽毛と羽毛間にある空気層との複合表面におけるキャシー効果により，超撥水現象が発現する。

⑥　眼鏡を空気中で着用する場合疎水性が望ましい。水泳など水中で着用する場合，内側は親水性にコーティングすることで防曇効果が発現する。浴室の鏡は，使用時に水蒸気で覆われていることが多いため，親水性すると防曇効果を発現しやすい。

⑦　雨が続く場合は親水性にすることでミラーやフロントガラスの視界がよくなるが，一般的には撥水性のコーティングにより移動とともに雨滴をはじく機能が普及している。住宅の表面においては，光触媒を利用した親水性のコーティングと塗料を中心とした撥水性のコーティングの両方の実用化が進んでいる。雨量や日照条件，ユーザーの嗜好などによって選択されている。電子機器の場合には，親水性にすると水没の際にショートし，故障の原因となり得るが，撥水

154   章末問題略解

性にすることで，水の電子機器内部への侵入を防ぐことができる。

第4章

① 本文参照
② 導電性高分子コンデンサには，積層セラミックコンデンサのような DC バイアスや温度による静電容量の低下がほとんどない。そのため，実装において，素子数を減らしてトータルコストおよび実装面積を削減可能である。
③ タッチパネル，ディスプレイ，センサ，変色スイッチ，有機 EL（エレクトロルミネッセンス）など。
④ 軽量であり，低電力で駆動でき，しなやかな動きをするため。人工筋肉アクチュエータともいわれる。
⑤ 伸縮性のアクチュエータである。アクチュエータは入力された電気信号を物理的運動に変換する機械要素。ゴム，形状記憶合金，導電性高分子，高分子ゲルなどで作られている。しなやかに動くロボットや人工筋肉として期待されている。

第5章

① 本文参照
② 本文参照
③ 一定の体積のガス中における水晶振動子電極へ付着するガス分子の質量を測定することで，ガス濃度に換算する。ガス分子の質量はソルベリーの式を用い，周波数変化から求める。水晶振動子電極へ特定のガス分子のみ吸着するように選択性の高い感応膜が求められる。
④ 一定の体積の液体中における水晶振動子電極へ付着する化学物質（ターゲット分子）の質量を測定することで，物質濃度に換算する。化学物質の質量はゴードン-カナザワの式を用い，周波数変化から求める。水晶振動子電極へ特定の化学物質のみ吸着するように選択性の高い感応膜が求められる。
⑤ 正弦波発振回路は，発振状態を制御して所望の周波数の正弦波を作り出す回路である。ループ利得を AH とすると，AH の位相が $180°$ 回ったところで $|AH| \geqq 1$ であれば，そのときの周波数で回路は発信する。すなわち，回路が発振するための条件は，$\mathrm{Im}|AH| = 0$，$\mathrm{Re}|AH| \geqq 1$ である。前者は虚部であり，周波数を決定するので周波数条件と呼ばれる。また，後者は実部であり，発振が持続するための状況であるので電力条件と呼ばれる。
⑥ 水晶の共振周波数変化が共振周波数の数％の範囲まで成立するとされている。$10\ \mathrm{MHz}$ の水晶振動子を用いた場合は $100\ \mu\mathrm{g}$ 未満までがふさわしい。また，水晶基板の質量の 2% を超えない範囲が適当である。

章末問題略解　　*155*

第6章

① 本文参照

② $\lambda = \dfrac{1.226}{\sqrt{V}}$ 〔nm〕

③ 約 0.007 nm になる。可視光の波長に比べてとても小さい。

④ 磁気レンズの中で運動する電子の方程式を記述する。レンズの光軸を z 軸とする円筒座標 (z, r, φ) を用いると，φ は軸対象であるから z, r のみの関数となる。

$$\begin{cases} \ddot{r} - r\dot{\varphi}^2 = -\dfrac{e}{m} v_\varphi B_x \\ \dfrac{1}{r}\dfrac{d}{dt}(r^2\varphi) = -\dfrac{e}{m}(v_z B_r - v_r B_z) \end{cases}$$

より

$$\ddot{r} = -\dfrac{r}{4}\left(\dfrac{e}{m}\right)^2 B^2(z)$$

を得る。ここで，e は電子素量，m は電子の質量，v は電子の速度である。$B(z)$ は z の高さにおける磁界の強さである。よって

$$\dfrac{d^2 r}{dz^2} + \dfrac{eB^2(z)}{8m\Phi_0} r = 0$$

を得る。ここで，Φ_0 は加速電圧である。この式は 2 階の線形微分方程式なので，軸対象な磁界が電子線に対してレンズ作用をし，焦点に電子線が集められることが示される。軌道は軸の周りを回転しながら，電子が焦点に集められる。

⑤ z が 0.1 nm（1 Å）変化するとトンネル電流は 1 桁変化する。

$$I \propto V\rho \exp(-\varphi z)$$

ここで，I：トンネル電流，V：バイアス電圧，ρ：状態密度，φ：トンネル障壁，z：探針-表面間距離である。

第7章

① カナブンの背中が反射する光はコレステリック液晶による左偏光である。

② 例えば，サハラシルバーアントというサハラ砂漠で生息するアリは全身が極細の「毛」に覆われており，それが光を散乱することで金属光沢のような反射を示し，日光の赤外線による加熱を防いでいる。

③ 本文参照

④ 本文参照

第8章

① $E + E_1 = E_2 \qquad H + H_1 = H_2$

② $E_1 = \dfrac{\sqrt{\varepsilon_1/\mu_1} - \sqrt{\varepsilon_2/\mu_2}}{\sqrt{\varepsilon_1/\mu_1} + \sqrt{\varepsilon_2/\mu_2}}\, E, \quad H_1 = \sqrt{\dfrac{\varepsilon_1}{\mu_1}}\, E_1$

$E_2 = \dfrac{2\sqrt{\varepsilon_1/\mu_1}}{\sqrt{\varepsilon_1/\mu_1} + \sqrt{\varepsilon_2/\mu_2}}\, E, \quad H_2 = \sqrt{\dfrac{\varepsilon_2}{\mu_2}}\, E_2$

③ $r = \dfrac{\sqrt{\varepsilon_1/\mu_1}\, E_1{}^2}{\sqrt{\varepsilon_1/\mu_1}\, E^2} = \left(\dfrac{E_1}{E}\right)^2 = \left(\dfrac{\sqrt{\varepsilon_1/\mu_1} - \sqrt{\varepsilon_2/\mu_2}}{\sqrt{\varepsilon_1/\mu_1} + \sqrt{\varepsilon_2/\mu_2}}\right)^2$

$t = \dfrac{\sqrt{\varepsilon_2/\mu_2}\, E_2{}^2}{\sqrt{\varepsilon_1/\mu_1}\, E^2} = \dfrac{\sqrt{\varepsilon_2/\mu_2}}{\sqrt{\varepsilon_1/\mu_1}}\left(\dfrac{E_2}{E}\right)^2 = \dfrac{4\sqrt{\varepsilon_1\varepsilon_2/\mu_1\mu_2}}{(\sqrt{\varepsilon_1/\mu_1} + \sqrt{\varepsilon_2/\mu_2})^2}$

④ $r = \left(\dfrac{1.5 - 1}{1.5 + 1}\right)^2 = 0.04, \ t = 1 - r = 0.96$

⑤ $d = (2l + 1)\dfrac{\lambda_2}{4} \quad (l：整数 \quad \lambda_2 = 2\pi/k_2), \ n_2 = \sqrt{n_1 n_3}$

反射防止膜をつける。

第9章

① 本文参照
② 反射防止膜：眼鏡のレンズ，携帯電話，スマートフォン，パソコンなどのディスプレイ表面
増反射膜：蛍光灯や車のヘッドランプの反射板
③ ドライコーティングは真空装置を必要とするが，精度よく製膜できるため，精密機器，電子デバイスなどに利用されている。ウェットコーティングは，常温・常圧で製膜可能であるため大面積化と大量生産によるコストダウンが容易であるが，精度に欠ける点も多く，精密機器への利用が限られてきた。後者は精密な制御性が確保されれば，今後広範囲な用途への展開が期待される。

第10章

① 本文参照
② 太陽光のエネルギーをより効率的に活用するため。
③ 建物の窓にも活用できると期待されているため。
④ 乗り物の湾曲面や衣服表面など。

章末問題略解　　*157*

第 11 章

① 非接触 IC は，ファラデーの電磁誘導の法則を活用し，カード内部に埋め込まれたループ状の薄膜配線によって情報の読込み，書出しを行う。RFID（radio frequency identification）というシステムを利用しており，カードのリーダー・ライターから磁界が発生し，IC カードがこの磁界を通過する際にカード内部のコイルが磁気を受けて電流を発生する。そして，その電流を利用することでカードに埋め込まれた IC チップが起動し，リーダー・ライターと交信し，データのやり取りが可能になるという仕組みである。電池などの電源がなくとも動作する。

② 壁にかけて掛け軸のように巻き取れるディスプレイや丸めて持ち運べるパソコンなど薄型，軽量のデバイスが期待されている。

③ ユーザーが身に着けることのできるディスプレイや端末，センサが期待されている。身に着けても快適な軽量性やおしゃれ感，安全性，利便性が期待されている。小型電池だけでなく，ワイヤレス充電などの機能も開発されており，進展が続いている。

④ 遠隔地からの自宅の管理，事業所のモニタリング，遠隔操作，大量のセンシングデータのクラウド保管など多くの試みが展開されている。

索　引

【あ行】

アクセプター	33, 125
アクチュエータ	36
アセチレン	31
圧電効果	41
圧電素子	62
厚みずれ振動	41
イオンチャネル	29
イオンビームスパッタ方式	99
イオンプレーティング法	100
イージーピール	96
色収差	91
インデセノジチオフェン	130
ウェットコーティング技術	102
ウェットプロセス	131
ウェンツェルの関係式	24
液　晶	74
液相中	45
液体クロマトグラフィー	39
エリプソメトリー法	69
エレクトロケミルミネッ	
センス	78
オフセットグラビア	106
オプトエレクトロニクス	73
親電子付加反応	35

【か行】

回折格子	69
開放電圧	127
界面エネルギー	22
界面科学	5
界面現象	5
界面張力	21
化学気相反応法	101
化学的要因	16
化学ドーピング	32
架橋反応	96
ガスクロマトグラフィー	39
ガスレーザー	55
活動電位	30
カーテンコート	106
価電子帯	122
カナザワの式	47
カラーディスプレイ	75
カリウムイオン	28
カンチレバー	63
官能基	20
気液平衡反応	50
幾何学的要因	16
気相中	44
ギブスエネルギー	51
基本味	39
逆圧電効果	41
キャシー効果	26
キャシー－バクスターの	
関係式	25
キャスト法	44
キャリア	124
求電子性	32
共焦点レーザー顕微鏡	55
共役π電子	123
共役数	31
共役ポリエン	31
極性分子	18
曲線因子	129
近接場顕微鏡	63

銀ナノワイヤ	131, 132
空気中での安定性	33
クラスター	19
グラビアコート	105, 132
グロー放電	100
蛍　光	78
蛍光面	57
結合性軌道	123
結晶格子	67
原子間力顕微鏡	63
コア粒子	97
光学厚さ	89
光学異性体	77
光学インピーダンス	89
光学顕微鏡	55
光学フィルタ	69
交互吸着法	112
構造発色	12
高分子液晶	74
高分子主鎖	75
固体電解コンデンサ	35
コーティング技術	95
ゴードン－カナザワの式	45
コルピッツ式発振回路	50
コレステリック液晶	74, 76
コンビナトリアル	
ケミストリー	115

【さ行】

最密充填構造	6
サーモトロピック液晶	74
酸化物半導体	39
3極, 4極スパッタ方式	99

索引　159

紫外可視吸光度測定法	69	赤外反射フィルム	78	着氷防止材	21
紫外可視分光光度計	69	赤外分光光度計	68	チャネル	29
磁気コイル	59	赤外分光分析法	68	超撥水性	17
色素増感太陽電池	119	絶縁体	28, 122	直鎖状化合物	31
側鎖形高分子液晶	75	接触角	5, 16	直線偏光	71
自己組織化	3	接触方式	65	直交電磁界放電を利用した
質量付加効果	42	接着仕事	22	スパッタ方式	99
自発光方式	79	セルフケア	135	ツイスト・ネマチック形	75
重合触媒	31	セルフメディケーション	135	ディスプレイ	116
重合反応	32	増感作用	131	ディップコート	103
集積回路	134	双極子	73	低分子液晶	74
周波数特性	35	双極子モーメント	92	低分子強誘電性液晶	76
主鎖形高分子結晶	75	相互作用	20	デカップリング効果	35
触覚技術	38	走査型電子顕微鏡	57	テフロン加工	17
試料走査方式	55	走査型プローブ顕微鏡	59	デュプレの式	23
シール	95	増幅器	30	電解研磨	62
白曇り現象	21	ソルベリーの関係式	44	電界発光	36

【た行】

真空蒸着法	98	ダイアモンドライクカーボン		電気ウナギ	28
神経線維	28		102	電気音響変換素子	47
振動電流	28	耐候性	21	電気化学発光	78
水晶振動子	40	ダイコート	107	電気発光	78
水晶振動子マイクロ		ダイナミック方式	65	電　子	124
バランス法	42	耐摩擦性	95	電子雲	123
水素結合	19	ダイレクトグラビア	105	電子顕微鏡	6, 56
スネルの法則	70	楕円偏光	71	電磁波	83
スーパーツイスト・		多結晶シリコン薄膜形成技術		──のエネルギー	84
ネマチック形	75		101	電子ビーム加工	62
スパッタリング法	99	タッチパネル	36	伝導帯	122
スピンコート	104, 132	タングステンフィラメント	67	ド・ブロイ波長	56
スプレーコート	107	単結合	31	等価回路	47
スメクチック液晶	74	単結晶構造解析	68	透過型光学顕微鏡	55
スロットオリフィスコート	106	探　針	62	透過型電子顕微鏡	57
正　孔	124	タンデム太陽電池	131	透過係数	87
静止電位	29	短絡電流	127	透過波	85
静電塗装	102	チグラー・ナッタ触媒	31	凍結乾燥	59
生物発光	78	チタニア薄膜	115	導電性高分子	28
生物模倣工学	3			導電性高分子アルミ電解
赤外吸収スペクトル	68			コンデンサ	36

索引

導電性高分子ポリアセチレン	33
等方性誘電体媒質	91
透明電極	36
特性 X 線	57
ドナー	125
ドライコーティング技術	98
ドラッグデリバリーシステム	97, 115
トランス型ポリアセチレン	32
トルートンの通則	52
トンネル効果	60

【な行】

ナトリウムイオン	28
ナノ微粒子	115
二次電子	57
二重結合	31, 123
ニュートン流体	45
ニューロン	29
熱電変換素子	36
ネマチック一軸配向層	77
ネマチック液晶	74
粘着材料	95

【は行】

バイオアプリケーション	115
バイオセンサ	115
バイオミメティクス	3
配　向	4
配向効果	18
配向分極	73
配　列	4
白色有機 EL	81
薄膜 X 線回析法	67
薄膜積層型デバイス	79
薄膜評価方法	69
剥離剤	95
剥離性	95

パターン認識	39
発光基質	78
発光酵素	78
発振周波数	40
撥水性	17
バッチ式	102, 104
バッファ層	131
ハードコート	104
ハートレー式発振回路	49
ハプティクス	38
バルクヘテロ接合	125
反結合性軌道	123
反射型光学顕微鏡	55
反射係数	87
反射電子	57
反射波	85
反射防止膜	89, 117
半導体	122
半導体スイッチング素子	75
半導体レーザー	55
バンドギャップ	32, 122
光てこ方式	65
非接触方式	65
ビードコート	108
表面エネルギー	22
表面構造	16
表面自由エネルギー	20
表面積増倍因子	24
表面張力	16, 18
ファウンテンコート	106
ファラデーの電磁誘導の法則	134
ファンデルワールス力	123
フェニレンビニレン	130
フォトダイオード	69
フォトリソグラフィー	66
不斉分子	76
フタロシアニン	130

フッ素系材料	6, 17
フッ素系ポリマー	21
物理スパッタリング	98
フラクタル	5
プラズマ	101
ブラッグの条件	67
フーリエ変換型	68
プリンタブル集積回路	36
フレキシブル	131
フレキシブル電子ペーパー	36
フレネル係数	88
フレネルの公式	87
プローブ	62
分散型	68
分散効果	19
分子間力	17
分子線エピタキシー法	101
粉末 X 線構造解析	68
ヘキサゴナル構造	10
ヘルスケア	135
偏光解析法	69
偏光原理	69
ヘンリーの法則	51
ポインティングベクトル	85
芳香環	33
芳香族	130
放電花火	31
防曇性	95
ホッピング	124
ポリアセチレン	32
ポリウレタン	31
ポリエステル	31
ポリエチレン	31, 92
ポリエチレンジオキシ チオフェン	36
ポリエン	31
ポリ塩化ビニル	31, 93
ポリシロキサン	21

ポリスチレンスルホン酸	36	
ポリテトラフルフルオロ		
エチレン	92	
ポリピロール	35	
ポリプロピレン	31	
ポルフィリン	130	

【ま行】

マイクログラビア	106
マクスウェルの式	82
マグネトロンスパッタ法	99
マトリックス法	89
無機材料	3
無機薄膜	4
無極性分子	18
メイソンの等価回路	47
メソゲン基	75
メッキ技術	109
毛細管現象	5
モスアイ構造	11, 91
モノクロメーター	69

【や行】

ヤング－デュプレの式	23
ヤングの関係式	23
有機 EL	36, 79
誘起効果	19
有機材料	3
有機薄膜	4
有機薄膜太陽電池	3, 119
有機半導体	121
有効フレネル係数	89
4 分割フォトダイオード	65

【ら行】

螺旋構造	77
ラミネーション	132
ラングミュア吸着	51
リアクタンス特性	48

リオトロピック液晶	74
離型性	95
リップル吸収	35
リバースキスグラビア	106
リバースグラビア	106
臨界表面張力	20
ルシフェリン・ルシフェラーゼ反応	78
励起子ブロッキング層	131
レーザー顕微鏡	55
レーザー走査方式	55
レナード・ジョーンズ・ポテンシャル	63
連続ロール法	131
六方細密構造	10
ローバンドギャップ	130
ローレンツ・ローレンツの式	91

【英字】

AC スパッタ方式	99
AFM	63
AT カット	41
CVD	101
DC2 極スパッタ方式	99
DC バイアス特性	36
DLC	102
FF	129
FTIR	68
HOMO	123
IC	134
Iot	137
IR スペクトル	68
ITO	36
LBL 法	112
LB 法	44, 110
LED	79
LSI ウエハ	66

LUMO	123
n 型半導体	119
OLED	79
OM	55
p/n 界面	130
P3HT	129
PDMS	132
PE	92
PEDOT	36
PEDOT：PSS	36, 120, 131
PET フィルム	135
PMMA	93
pn 接合	119
PSPD	65
PSS	36
PTFE	92
PVC	93
PVD	100
p 型半導体	119
p 軌道	33
QCM 法	42
RF2 極スパッタ方式	99
RFID	134
SEM	6, 57
SNOM	63
SPM	59
STM	60, 62
TEM	57
TFT 形	75
X 線回析法	67
X 線結晶構造解析	67
X 線小角散乱法	67

【ギリシャ文字】

π 結合	123
π 電子	33
σ 結合	123

―― 著者略歴 ――

1987 年	早稲田大学理工学部電子通信学科卒業
1989 年	東京工業大学大学院修士課程修了（電気電子工学専攻）
1992 年	東京工業大学大学院博士課程修了（電気電子工学専攻），博士（工学）
1992 年	千葉大学助手
1994 年	慶應義塾大学助手
1997 年	慶應義塾大学専任講師
1997 年～98 年	米国マサチューセッツ工科大学客員研究員
2000 年	慶應義塾大学助教授
2014 年	慶應義塾大学教授
	現在に至る

バイオミメティクスから学ぶ有機エレクトロニクス
Organic Electronics Learning from Biomimetics

Ⓒ Shiratori Seimei 2019

2019 年 11 月 22 日　初版第 1 刷発行　　　　　　　　　　　★

検印省略	著　者	白　鳥　世　明
	発行者	株式会社　コロナ社
		代表者　牛来真也
	印刷所	萩原印刷株式会社
	製本所	有限会社　愛千製本所

112-0011　東京都文京区千石 4-46-10
発行所　株式会社　コロナ社
CORONA PUBLISHING CO., LTD.
Tokyo Japan
振替 00140-8-14844・電話 (03) 3941-3131 (代)
ホームページ https://www.coronasha.co.jp

ISBN 978-4-339-00928-6　C3055　Printed in Japan　　　（新宅）N

〈出版者著作権管理機構　委託出版物〉
本書の無断複製は著作権法上での例外を除き禁じられています。複製される場合は，そのつど事前に，出版者著作権管理機構（電話 03-5244-5088，FAX 03-5244-5089，e-mail: info@jcopy.or.jp）の許諾を得てください。

本書のコピー，スキャン，デジタル化等の無断複製・転載は著作権法上での例外を除き禁じられています。
購入者以外の第三者による本書の電子データ化及び電子書籍化は，いかなる場合も認めていません。
落丁・乱丁はお取替えいたします。

コロナ社創立90周年記念出版〔創立1927年〕

真空科学ハンドブック

日本真空学会 編
B5判／590頁／本体20,000円／箱入り上製本

委 員 長：荒川　一郎（学習院大学）
委　　員：秋道　斉（産業技術総合研究所）
（五十音順）稲吉さかえ（株式会社アルバック）
　　　　　橘内　浩之（元株式会社日立ハイテクノロジーズ）
　　　　　末次　祐介（高エネルギー加速器研究機構）
　　　　　鈴木　基史（京都大学）
　　　　　高橋　主人（元大島商船高等専門学校）
　　　　　土佐　正弘（物質・材料研究機構）
　　　　　中野　武雄（成蹊大学）
　　　　　福田　常男（大阪市立大学）
　　　　　福谷　克之（東京大学）
　　　　　松田七美男（東京電機大学）
　　　　　松本　益明（東京学芸大学）

　真空の基礎科学から作成・計測・保持する技術に関わる科学的基礎を解説。また，成膜，プラズマプロセスなどの応用分野で真空環境の役割を説き，極高真空などのこれまでにない真空環境が要求される研究・応用への取組みなどを紹介。

【目　次】

0. 真空科学・技術の歴史
   0.1 真空と気体の科学／0.2 真空ポンプ／0.3 圧力の測定／0.4 真空科学・技術の現在と将来

1. 真空の基礎科学
   1.1 希薄気体の分子運動／1.2 希薄気体の輸送現象／1.3 希薄気体の流体力学／
   1.4 気体と固体表面／1.5 固体表面・内部からの気体放出／1.6 関連資料

2. 真空用材料と構成部品
   2.1 真空容器材料／2.2 真空用部品材料と表面処理／2.3 接合技術・材料／2.4 真空封止／
   2.5 真空用潤滑材料／2.6 運動操作導入／2.7 電気信号導入／2.8 洗浄／2.9 ガス放出データ

3. 真空の作成
   3.1 真空の作成手順／3.2 真空ポンプ／3.3 排気プロセス／3.4 排気速度とコンダクタンス／
   3.5 リーク検査

4. 真空計測
   4.1 全圧真空計／4.2 質量分析計，分圧真空計／4.3 流量計，圧力制御／
   4.4 真空計測の誤差の要因と対策／4.5 真空計を用いた気体流量の計測システム／4.6 校正と標準

5. 真空システム
   5.1 実験研究用超高真空装置／5.2 大型真空装置／5.3 産業用各種生産装置

6. 真空の応用
   6.1 薄膜作製／6.2 プラズマプロセス／6.3 表面分析

定価は本体価格＋税です。
定価は変更されることがありますのでご了承下さい。

‖‖‖‖‖‖‖‖‖‖‖‖‖‖‖‖‖‖‖‖‖‖‖‖‖　図書目録進呈◆

電子情報通信レクチャーシリーズ

■電子情報通信学会編　　　　　（各巻B5判）

共通

	配本順						頁	本体
A-1	(第30回)	電子情報通信と産業	西村	吉雄	著		272	4700円
A-2	(第14回)	電子情報通信技術史	「技術と歴史」研究会編				276	4700円
		―おもに日本を中心としたマイルストーン―						
A-3	(第26回)	情報社会・セキュリティ・倫理	辻井	重男	著		172	3000円
A-4		メディアと人間	原島 北川	博 高嗣	共著			
A-5	(第6回)	情報リテラシーとプレゼンテーション	青木	由直	著		216	3400円
A-6	(第29回)	コンピュータの基礎	村岡	洋一	著		160	2800円
A-7	(第19回)	情報通信ネットワーク	水澤	純一	著		192	3000円
A-8		マイクロエレクトロニクス	亀山	充隆	著			
A-9		電子物性とデバイス	益 天川	一哉 修平	共著			

基礎

	配本順						頁	本体
B-1		電気電子基礎数学						
B-2		基礎電気回路	篠田	庄司	著			
B-3		信号とシステム	荒川	薫	著			
B-5	(第33回)	論理回路	安浦	寛人	著		140	2400円
B-6	(第9回)	オートマトン・言語と計算理論	岩間	一雄	著		186	3000円
B-7		コンピュータプログラミング	富樫	敦	著			
B-8	(第35回)	データ構造とアルゴリズム	岩沼	宏治	他著		208	3300円
B-9		ネットワーク工学	仙田 石村 田中 野	正裕 正和 敬介	共著			
B-10	(第1回)	電磁気学	後藤	尚久	著		186	2900円
B-11	(第20回)	基礎電子物性工学	阿部	正紀	著		154	2700円
		―量子力学の基本と応用―						
B-12	(第4回)	波動解析基礎	小柴	正則	著		162	2600円
B-13	(第2回)	電磁気計測	岩崎	俊	著		182	2900円

基盤

	配本順						頁	本体
C-1	(第13回)	情報・符号・暗号の理論	今井	秀樹	著		220	3500円
C-2		ディジタル信号処理	西原	明法	著			
C-3	(第25回)	電子回路	関根	慶太郎	著		190	3300円
C-4	(第21回)	数理計画法	山下 福島	信雄 雅夫	共著		192	3000円
C-5		通信システム工学	三木	哲也	著			
C-6	(第17回)	インターネット工学	後藤 外山	滋樹 勝保	共著		162	2800円
C-7	(第3回)	画像・メディア工学	吹抜	敬彦	著		182	2900円

	配本順			頁	本体
C-8	(第32回)	音声・言語処理	広瀬啓吉著	140	2400円
C-9	(第11回)	コンピュータアーキテクチャ	坂井修一著	158	2700円
C-10		オペレーティングシステム			
C-11		ソフトウェア基礎			
C-12		データベース			
C-13	(第31回)	集積回路設計	浅田邦博著	208	3600円
C-14	(第27回)	電子デバイス	和保孝夫著	198	3200円
C-15	(第8回)	光・電磁波工学	鹿子嶋憲一著	200	3300円
C-16	(第28回)	電子物性工学	奥村次徳著	160	2800円

展開

	配本順			頁	本体
D-1		量子情報工学			
D-2		複雑性科学			
D-3	(第22回)	非線形理論	香田徹著	208	3600円
D-4		ソフトコンピューティング			
D-5	(第23回)	モバイルコミュニケーション	中川正雄／大槻知明共著	176	3000円
D-6		モバイルコンピューティング			
D-7		データ圧縮	谷本正幸著		
D-8	(第12回)	現代暗号の基礎数理	黒澤馨／尾形わかは共著	198	3100円
D-10		ヒューマンインタフェース			
D-11	(第18回)	結像光学の基礎	本田捷夫著	174	3000円
D-12		コンピュータグラフィックス			
D-13		自然言語処理			
D-14	(第5回)	並列分散処理	谷口秀夫著	148	2300円
D-15		電波システム工学	唐沢好男／藤井威生共著		
D-16		電磁環境工学	徳田正満著		
D-17	(第16回)	ＶＬＳＩ工学 ―基礎・設計編―	岩田穆著	182	3100円
D-18	(第10回)	超高速エレクトロニクス	中村徹／三島友義共著	158	2600円
D-19		量子効果エレクトロニクス	荒川泰彦著		
D-20		先端光エレクトロニクス			
D-21		先端マイクロエレクトロニクス			
D-22		ゲノム情報処理			
D-23	(第24回)	バイオ情報学 ―パーソナルゲノム解析から生体シミュレーションまで―	小長谷明彦著	172	3000円
D-24	(第7回)	脳工学	武田常広著	240	3800円
D-25	(第34回)	福祉工学の基礎	伊福部達著	236	4100円
D-26		医用工学			
D-27	(第15回)	ＶＬＳＩ工学 ―製造プロセス編―	角南英夫著	204	3300円

定価は本体価格+税です。

定価は変更されることがありますのでご了承下さい。

図書目録進呈◆

組織工学ライブラリ
―マイクロロボティクスとバイオの融合―

(各巻B5判)

■編集委員　新井健生・新井史人・大和雅之

配本順				頁	本体
1.(3回)	細胞の特性計測・操作と応用	新井史人編著		270	4700円
2.(1回)	3次元細胞システム設計論	新井健生編著		228	3800円
3.(2回)	細胞社会学	大和雅之編著		196	3300円

再生医療の基礎シリーズ
―生医学と工学の接点―

(各巻B5判)

コロナ社創立80周年記念出版
〔創立1927年〕

■編集幹事　赤池敏宏・浅島　誠
■編集委員　関口清俊・田畑泰彦・仲野　徹

配本順				頁	本体
1.(2回)	再生医療のための**発生生物学**	浅島　誠編著		280	4300円
2.(4回)	再生医療のための**細胞生物学**	関口清俊編著		228	3600円
3.(1回)	再生医療のための**分子生物学**	仲野　徹編		270	4000円
4.(5回)	再生医療のためのバイオエンジニアリング	赤池敏宏編著		244	3900円
5.(3回)	再生医療のためのバイオマテリアル	田畑泰彦編著		272	4200円

バイオマテリアルシリーズ

(各巻A5判)

				頁	本体
1.	**金属バイオマテリアル**	塙山隆夫 米山隆之	共著	168	2400円
2.	**ポリマーバイオマテリアル** ―先端医療のための分子設計―	石原一彦著		154	2400円
3.	**セラミックバイオマテリアル**	岡崎正之 山下仁大	編著	210	3200円
	尾坂明義・石川邦夫・大槻主税 井奥洪二・中村美穂・上高原理暢	共著			

定価は本体価格＋税です。

定価は変更されることがありますのでご了承下さい。

図書目録進呈◆

エコトピア科学シリーズ

■名古屋大学未来材料・システム研究所 編（各巻A5判）

			頁	本体
1.	エコトピア科学概論 ― 持続可能な環境調和型社会実現のために ―	田 原　譲他著	208	2800円
2.	環境調和型社会のためのナノ材料科学	余 語 利 信他著	186	2600円
3.	環境調和型社会のためのエネルギー科学	長 崎 正 雅他著	238	3500円

シリーズ　21世紀のエネルギー

■日本エネルギー学会編　　（各巻A5判）

			頁	本体
1.	21世紀が危ない ― 環境問題とエネルギー ―	小 島 紀 徳著	144	1700円
2.	エネルギーと国の役割 ― 地球温暖化時代の税制を考える ―	十市・小川 佐 川 共著	154	1700円
3.	風と太陽と海 ― さわやかな自然エネルギー ―	牛 山　泉他著	158	1900円
4.	物質文明を超えて ― 資源・環境革命の21世紀 ―	佐 伯 康 治著	168	2000円
5.	Cの科学と技術 ― 炭素材料の不思議 ―	白 石・大 谷 京 谷・山 田 共著	148	1700円
6.	ごみゼロ社会は実現できるか	行 本・西 立 田 共著	142	1700円
7.	太陽の恵みバイオマス ― CO_2を出さないこれからのエネルギー ―	松 村 幸 彦著	156	1800円
8.	石油資源の行方 ― 石油資源はあとどれくらいあるのか ―	JOGMEC調査部編	188	2300円
9.	原子力の過去・現在・未来 ― 原子力の復権はあるか ―	山 地 憲 治著	170	2000円
10.	太陽熱発電・燃料化技術 ― 太陽熱から電力・燃料をつくる ―	吉 田・児 玉 郷右近 共著	174	2200円
11.	「エネルギー学」への招待 ― 持続可能な発展に向けて ―	内 山 洋 司編著	176	2200円
12.	21世紀の太陽光発電 ― テラワット・チャレンジ ―	荒 川 裕 則著	200	2500円
13.	森林バイオマスの恵み ― 日本の森林の現状と再生 ―	松 村・吉 岡 山 崎 共著	174	2200円
14.	大容量キャパシタ ― 電気を無駄なくためて賢く使う ―	直 井・堀　編著	188	2500円
15.	エネルギーフローアプローチで見直す省エネ ― エネルギーと賢く，仲良く，上手に付き合う ―	駒 井 啓 一著	174	2400円

以下続刊

新しいバイオ固形燃料
― バイオコークス ―　井 田 民 男著

定価は本体価格＋税です。
定価は変更されることがありますのでご了承下さい。

図書目録進呈◆

技術英語・学術論文書き方関連書籍

理工系の技術文書作成ガイド
白井　宏 著
A5／136頁／本体1,700円／並製

ネイティブスピーカーも納得する技術英語表現
福岡俊道・Matthew Rooks 共著
A5／240頁／本体3,100円／並製

科学英語の書き方とプレゼンテーション（増補）
日本機械学会 編／石田幸男 編著
A5／208頁／本体2,300円／並製

続 科学英語の書き方とプレゼンテーション
－スライド・スピーチ・メールの実際－
日本機械学会 編／石田幸男 編著
A5／176頁／本体2,200円／並製

マスターしておきたい　技術英語の基本
－決定版－
Richard Cowell・佘　錦華 共著
A5／220頁／本体2,500円／並製

いざ国際舞台へ！　理工系英語論文と口頭発表の実際
富山真知子・富山　健 共著
A5／176頁／本体2,200円／並製

科学技術英語論文の徹底添削
－ライティングレベルに対応した添削指導－
絹川麻理・塚本真也 共著
A5／200頁／本体2,400円／並製

技術レポート作成と発表の基礎技法（改訂版）
野中謙一郎・渡邉力夫・島野健仁郎・京相雅樹・白木尚人 共著
A5／166頁／本体2,000円／並製

Wordによる論文・技術文書・レポート作成術
－Word 2013/2010/2007 対応－
神谷幸宏 著
A5／138頁／本体1,800円／並製

知的な科学・技術文章の書き方
－実験リポート作成から学術論文構築まで－
中島利勝・塚本真也 共著
A5／244頁／本体1,900円／並製　日本工学教育協会賞（著作賞）受賞

知的な科学・技術文章の徹底演習
塚本真也 著　工学教育賞（日本工学教育協会）受賞
A5／206頁／本体1,800円／並製

定価は本体価格+税です。
定価は変更されることがありますのでご了承下さい。　　　　図書目録進呈◆